全国药学、中药学类专业实验实训数字化课程建设

U0642494

药用植物学实验操作技术

YAOYONG ZHIWUXUE SHIYAN CAOZUO JISHU

主编　钱　枫

手机扫描注册
观看操作视频
一书一码

北京科学技术出版社

图书在版编目（CIP）数据

药用植物学实验操作技术/钱枫主编 . —北京：北京科学技术出版社，2019. 6
全国药学、中药学类专业实验实训数字化课程建设
ISBN 978-7-5714-0342-3

Ⅰ.①药… Ⅱ.①钱… Ⅲ.①药用植物学－实验－高等职业教育－教材
Ⅳ.①Q949. 95-33

中国版本图书馆 CIP 数据核字（2019）第 117787 号

药用植物学实验操作技术

主　　编：钱　枫
策划编辑：曾小珍　张　田
责任编辑：秦笑嬴
责任校对：贾　荣
责任印制：李　茗
封面设计：铭轩堂
版式设计：稚刷工作室
出 版 人：曾庆宇
出版发行：北京科学技术出版社
社　　址：北京西直门南大街 16 号
邮政编码：100035
电话传真：0086-10-66135495（总编室）
　　　　　0086-10-66113227（发行部）　0086-10-66161952（发行部传真）
电子信箱：bjkj@bjkjpress.com
网　　址：www.bkydw.cn
经　　销：新华书店
印　　刷：河北鑫兆源印刷有限公司
开　　本：787mm×1092mm　1/16
字　　数：208 千字
印　　张：8.5
插　　页：4
版　　次：2019 年 6 月第 1 版
印　　次：2019 年 6 月第 1 次印刷
ISBN 978-7-5714-0342-3/Q · 168

定　　价：45. 00 元

全国药学、中药学类专业实验实训数字化课程建设

总 主 编

张大方
长春中医药大学、东北师范大学人文学院　教授

方成武
安徽中医药大学　教授

张彦文
天津医学高等专科学校　教授

张立祥
山东中医药高等专科学校　教授

周美启
亳州职业技术学院　教授

朱俊义
通化师范学院　教授

马　波
安徽中医药高等专科学校　教授

张震云
山西药科职业学院　教授

编者名单

主　编　钱　枫

副主编　查孝柱

编　者（以姓氏笔画为序）

王化东　（四川中医药高等专科学校）

王　乐　（安徽中医药高等专科学校）

王迪涵　（东北师范大学人文学院）

牛　倩　（亳州职业技术学院）

陈红波　（云南保山中医药高等专科学校）

罗卫梅　（益阳医学高等专科学校）

查孝柱　（安庆医药高等专科学校）

侯晓苹　（渭南职业技术学院）

钱　枫　（安徽中医药高等专科学校）

黄永昌　（广东江门中医药职业学院）

总前言

为贯彻教育部有关高校实验教学改革的要求,即"注重增强学生实践能力,培育工匠精神,践行知行合一,多为学生提供动手机会,提高解决实际问题的能力",满足培养应用型人才的迫切需求,我们组织全国20余所院校的优秀教师、行业专家启动了"全国药学、中药学类专业实验实训数字化课程建设"项目。

本套教材以基本技能与方法为主线,归纳每门课程的共性技术,以制定规范化操作为重点,将典型实验实训项目引入课程之中,这是本套教材改革创新点之一;将不同课程的重点内容纳入综合性实验与设计性实验,培养学生独立工作的能力与综合运用知识的能力,体现了"传承有特色,创新有基础,服务有能力"的人才培养要求,这是本套教材改革创新点之二;在专业课实验实训中设置了企业生产流程、在基础课中设置了科学研究案例,注重课堂教学与生产、科研相结合,提高人才培养质量,改变了以往学校学习与实际应用脱节的现象,这是本套教材改革创新点之三;注重培养学生综合素质,结合每门课程的特点,将实验实训中的应急处置纳入教材内容之中,提高学生的专业安全知识水平与应用能力,将实验实训后的清理工作与废弃物的处理列入章节,增强学生的责任意识与环保意识,这是本套教材改革创新点之四。

该系列实验教材,经过3年的使用,反响很好,解决了以往教与学的关键问题,同时也发现有些实验需进一步规范化、有些实验内容需进一步优化。在此基础上,我们开展了对纸质教材配套视频的摄制工作。将纸质教材与教学视频相结合,将更有利于突出实验的可视性,使不同学校充分利用这一教学资源,提高教学质量,这是本教材的又一特点。

教学改革是一项长期的任务,尤其是实验实训教学,更需要在实践中不断探索。对本套教材编写中可能存在的缺点与不足,恳请各位读者在使用过程中提出宝贵意见和建议,以期不断完善。

张大方

2019 年 2 月

前　言

　　《药用植物学实验操作技术》为"全国药学、中药学类专业实验实训数字化课程建设"项目之一。本教材以药用植物学实验的基本技能训练和研究药用植物的形态解剖、分类的基本方法为主线，阐述了药用植物实验的基本知识、基本理论和基本技术，突出强调了规范化操作与实验实训中的注意事项，注重培养学生的动手能力、科学思维与规范实验技能，适用于高职高专院校中药学、药学、制药类专业的学生使用，亦可供其他层次院校师生、成人教育、自学者、岗位培训等选用。

　　本教材分为上、下两篇。上篇为药用植物学常用实验技术，介绍了药用植物学实验教学中显微镜的使用技术（主要是光学显微镜的使用技术）、临时装片的制作技术、植物绘图技术和植物分类鉴定技术与方法。下篇为药用植物学主要实验内容，共安排 16 个实验，每个实验所列实验材料和内容充实多样，便于不同地区的院校根据具体情况选择使用。通过这些实验，学生可实际验证药用植物学的基本理论，掌握药用植物学研究的基本方法，学会药用植物学课程要求掌握和熟悉的基本技能；教师可借助本教材的实验教学拓宽和加强学生的动手能力，提高学生综合分析问题、解决问题的能力，培养学生独立工作和创新能力，帮助学生为今后的学习和工作打下良好基础，以适应社会的需求。

　　本教材的突出特色是在正文章节及实验项目中设置了二维码，将各章课件及相关操作技术视频等数字教学资源与纸质教材相融合。本教材附录部分收录了被子植物门分科检索表，方便学生查阅；提供了药用植物学学习的相关网络资源，拓展学生的学习渠道；此外还收载了部分植物显微构造彩图和药用植物的彩色照片，强化了直观学习的效果。

　　本教材的编写得到了北京科学技术出版社及各参编院校的大力支持和帮助，并参阅了许多专家、学者的研究成果和论著，在此一并表示衷心感谢。

　　由于编者水平有限，不妥之处在所难免，敬请广大师生和读者在使用过程中提出宝贵意见和建议，以便进一步修订和完善。

编　者

2019 年 2 月

目　录

上篇　药用植物学常用实验技术

第一章　显微镜使用技术 ………………………………………………… (3)

　第一节　普通光学显微镜的构造及使用 ………………………………… (3)

　第二节　双筒解剖镜的构造及使用 ……………………………………… (8)

　第三节　数码显微镜与数码显微互动系统 …………………………… (10)

　第四节　其他显微镜类型简介 ………………………………………… (12)

第二章　药用植物临时装片的制作技术 ……………………………… (15)

　第一节　植物制片简介 ………………………………………………… (15)

　第二节　临时制片的常用技术与方法 ………………………………… (15)

第三章　药用植物的绘图方法与技术 ………………………………… (21)

　第一节　植物绘图的基本知识 ………………………………………… (21)

　第二节　药用植物形态图的绘制 ……………………………………… (23)

　第三节　药用植物显微结构图的绘制 ………………………………… (24)

第四章　药用植物分类鉴定的方法 …………………………………… (29)

下篇　药用植物学主要实验内容

第五章　植物的细胞 …………………………………………………… (39)

　实验一　植物细胞基本构造的观察 …………………………………… (39)

　实验二　植物细胞后含物的观察 ……………………………………… (41)

第六章　植物的组织 …………………………………………………… (43)

　实验三　植物保护组织、分泌组织的观察 …………………………… (43)

　实验四　植物机械组织、输导组织的观察 …………………………… (44)

　实验五　植物分生组织、基本组织、维管束的观察 ………………… (46)

第七章　植物的器官 …………………………………………………… (49)

　实验六　根的形态与显微构造的观察 ………………………………… (49)

　实验七　茎的形态与显微构造的观察 ………………………………… (51)

　实验八　叶的形态与显微构造的观察 ………………………………… (55)

　实验九　花的形态特征、类型、花序类型的观察 …………………… (56)

　实验十　果实和种子类型及构造的观察 ……………………………… (59)

第八章　植物的分类 ·· （62）

　　实验十一　孢子植物的观察 ·· （62）

　　实验十二　裸子植物的观察 ·· （66）

　　实验十三　被子植物的观察——离瓣花植物之一 ··········· （68）

　　实验十四　被子植物的观察——离瓣花植物之二 ··········· （70）

　　实验十五　被子植物的观察——合瓣花植物 ··················· （72）

　　实验十六　被子植物的观察——单子叶植物 ··················· （74）

附录 ··· （76）

　　附录一　被子植物门分科检索表 ·································· （76）

　　附录二　药用植物学网上学习资源 ······························ （128）

彩图 ··· （129）

上 篇

药用植物学常用实验技术

第一章 | 显微镜使用技术

显微镜是观察研究植物细胞结构、组织特征和器官构造不可替代的重要工具。显微镜的类型繁多,依据成像原理可分为光学显微镜和电子显微镜两大类。光学显微镜以可见光作为光源,采用玻璃材质的透镜,并可与光电转换技术、液晶屏幕技术等结合,分为单式显微镜、复式显微镜和数码显微镜。

单式显微镜结构简单,典型的如放大镜,由一个凸透镜组成,放大倍数在 10 倍以下;构造稍复杂的为解剖显微镜,由几个透镜组成,放大倍数在 200 倍以下。复式显微镜结构较为复杂,由至少两组以上的透镜组成,是进行植物形态解剖实验时最常用的显微镜。

第一节　普通光学显微镜的构造及使用

目前药用植物学教学中使用的普通光学显微镜主要是复式显微镜。掌握光学显微镜的结构与使用方法,能够熟练使用光学显微镜是学习药用植物学必须掌握的实验操作技术。

一、光学显微镜的构造

复式显微镜虽然有单筒、双筒等不同的结构,但基本结构均包括光学系统与机械系统两大部分,光学系统保证成像;机械系统则用于装置光学系统(图 1-1)。

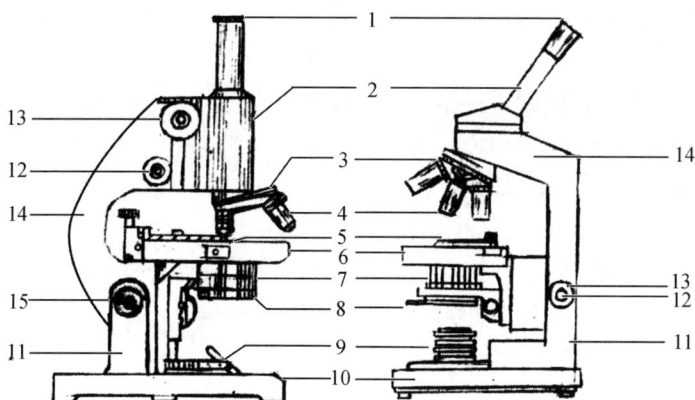

图 1-1　普通光学显微镜的构造

1.目镜;2.镜筒;3.物镜转换器;4.物镜;5.标本推进器;6.载物台;7.聚光器;8.虹彩光圈;9.反光镜、电光源;10.镜座;11.镜柱;12.细调焦螺旋;13.粗调焦螺旋;14.镜臂;15.倾斜关节

（一）机械部分

主要包括镜座、镜柱、镜臂、镜筒、物镜转换器、载物台（镜台）、调焦旋钮、聚光器调节螺旋等。

1. 镜座　显微镜的底座，起稳定和承载整个镜体的作用，装有反光镜或电光源。

2. 镜柱　镜座上面直立的短柱，用于连接、支持镜臂及镜臂以上部分。

显微镜的构造与使用

3. 镜臂　弯曲如臂，下连镜柱，上连镜筒，是取放显微镜时手握的部位。直筒显微镜的镜臂下端与镜柱连接处有一活动关节，可使镜体在一定范围内后倾（一般不超过 30°），方便使用，称为倾斜关节。

4. 镜筒　显微镜上部、连接于镜臂前方的圆形中空长筒。镜筒的作用是保护成像光路与亮度，其上端放置目镜，下端与物镜转换器相连，中间转折处装有棱镜，使光线转折 45°。学生使用的多为单筒镜，示教观察使用的常为双筒镜。其中双筒斜式的镜筒，两筒间距离可以根据使用者的双眼距离及视力调节。

5. 物镜转换器　装在镜筒下端的圆盘，可进行自由的圆周转动。物镜转换器上有 3～5 个安装物镜的螺旋口，螺口上可按顺序安装不同倍数的物镜。转动转换器，可将某一物镜固定在使用位置上，保证目镜与物镜光线合轴。

6. 载物台（镜台）　为放置玻片标本的平台，中央有一圆孔以通过光线。载物台上有压片夹和标本推进器，用以固定和前、后、左、右移动标本。推进器上装有游标尺，用以计算标本大小或标记被检标本的部位。

7. 调焦旋钮　位于镜臂两侧的两对调焦螺旋，用于调节物镜和所需观察标本之间的距离，以得到清晰的物像。较大的一对是粗调焦螺旋（粗调节轮），每旋转一周，可使镜筒（或载物台）升降 10mm，用于低倍物镜检查标本；较小的一对是细调焦螺旋（细调节轮），每旋转一周，可使镜筒（或载物台）升降 0.1mm，用于高倍物镜观察，注意细调焦螺旋转动不可超过 180°。

8. 聚光器调节螺旋　安装在载物台下方、镜柱的左侧或右侧，旋转时可上下调节聚光器，以调节光线的强弱从而获得最适光度。

（二）光学部分

光学部分由成像系统和照明系统组成。成像系统包括目镜和物镜等主要用于放大的透镜组合；照明系统包括聚光器、反光镜或电光源等光密度调节装置和光源装置。

1. 目镜　安装在镜筒上端，因其靠近观察者的眼睛，又称接目镜。目镜的作用是将物镜放大标本所成的物像进一步放大，便于观察。目镜镜头上刻有如"5×""10×"或"15×"等放大倍数，可根据观察需要选择使用。为便于指示物像，可在目镜内光栏上用凡士林或树胶粘贴一段头发，在视野中呈一条黑线，称为"指针"，可指示观察的部位。根据需要，也可在目镜内安装目镜测微尺，测量所观察物体的大小。

2. 物镜　安装在镜筒下端的物镜转换器上，因接近被观察的标本物，又称接物镜。物镜的作用是将标本第一次放大成倒像。物镜是决定显微镜性能和确定分辨率高低的关键性光学部件，实验室一般常用 3～4 个放大倍数不同的物镜，分为低倍镜（10 倍及以下）、高倍镜（40 倍）和油镜（100 倍）。

低倍镜和高倍镜在进行观察时，不需要在其与标本之间添加任何液体介质，称为干燥物

镜;而油镜(又称油浸物镜)使用时需在物镜和玻片标本之间加入折射率大于1,且与玻片折射率相近的液体作为介质,如香柏油。

物镜上一般标有表示其光线性能和使用条件的数字和符号,以在物镜上所刻的"40/0.65 160/0.17"字样为例:40 表示物镜的放大倍数;0.65 表示数字孔径(N.A.)即镜口率,镜头倍数不同,镜口率也不同,如 10× 物镜的镜口率为 0.25,镜口率的数值愈大,工作距离(物镜透镜表面与盖玻片表面之间的距离)愈小,表示分辨率越高,分辨物体的能力就越强;160 表示镜筒长 160mm;0.17 表示要求盖玻片的厚度为 0.17mm。此外,物镜下缘还常刻有一圈不同颜色的线,用以区分不同的物镜。

分辨率也称分辨本领,简单说就是能够分辨出尽可能近的两点的能力,以两点间最短的极限距离表示分辨率。普通光学显微镜的分辨率为 0.2μm,即 0.2μm 为普通光学显微镜的分辨极限。若两点或两层膜之间的距离小于 0.2μm,那么不论光学显微镜放大多少倍,也是看不出来的。

$$显微镜的放大倍数＝物镜放大倍数×目镜放大倍数$$

需要注意的是,因可见光的最短波长为 0.4μm,且受制造工艺的限制,光学显微镜能够获得清晰图像的最大有效放大倍数不会超过 1 400 倍,一般为 1 250 倍。

3. 聚光器　装在载物台下方的聚光器架上,由聚光镜和虹彩光圈(可变光栏)组成。聚光镜由 1 片或数片凸透镜组成,可以使散射光汇集成束,集中于一点,增强对标本的照明,并使光线射入物镜内。通过聚光器调节螺旋,可上下调节聚光器,以调节视野亮度。如用高倍物镜时,视野范围小,则需上升聚光器使视野变亮;用低倍物镜时,视野范围大,可下降聚光器使视野变暗。虹彩光圈装在聚光器的下方,由十余张薄金属片组成,外侧伸出一柄,称为光圈拨动操作杆,可推动它调节光圈开孔,使其扩大或缩小,借以调节通光量,达到调整视野亮度的目的。

在光圈的下面,还有一个圆形的托架,用于安放滤光片。滤光片可以只让所选择的某一波段的光线通过,而吸收其他波段的光线,达到改变光线的光谱成分或削弱光的强度的目的。

4. 反光镜(或内置电光源)　为一圆形两面镜,装在聚光器下方的镜座插孔中。转动关节可以使反光镜向任一方向旋转以对准光线(如窗口、灯光),将光线反射在聚光器上。反光镜有平、凹两面,平面镜可反光,凹面镜兼有反光和聚光作用,一般在光线充足时使用平面镜,光线不足时使用凹面镜。有的显微镜内置电光源,在镜座上有一圆柱形结构,里面装有灯泡,打开电源开关就可以发出光束,有的还可以通过亮度旋钮调节灯泡提供的光线的强弱。

二、光学显微镜的使用方法和操作步骤

光学显微镜的放大成像系统由物镜和目镜两组透镜组成,玻片标本经物镜第一次放大在目镜焦点所在平面上形成倒置的实像,再经目镜第二次放大到达人的眼球,最后观察者所看到的标本,呈方向相反的倒置虚像。因此使用显微镜时,标本移动的方向与人眼所观察到的物像相反。这常常会给初次使用者造成困难,使用者需要经过一段时间的实践,才能操作自如。

光学显微镜的使用主要包括两个方面:一是光度调节,二是焦距调节。具体使用方法和操作步骤如下。

(一)取镜和放置

显微镜平时需要存放在显微镜柜(箱)中,使用时按座号取出显微镜,应右手握住镜臂,左

手平托镜座,保持镜体直立,严禁单手提着镜子走动,防止目镜从镜筒中滑出或其他机件掉落。为便于观察和防止掉落,一般将显微镜放置在实验桌上身体左侧,距桌边5～6cm处。要求桌子平稳,桌面清洁,避免阳光直射。检查完毕显微镜的各部件均无损坏后,可用纱布揩拭镜身机械部分的灰尘,光学部分则须用特制擦镜纸擦拭。

(二)对光

先转动粗调焦螺旋(粗调节轮),使载物台和物镜保持足够距离,再旋转物镜转换器(不要直接用手指推动物镜,以免使其光轴歪斜,影响成像质量),使低倍物镜对准载物台中央的通光孔(转动时听到碰叩声即可)。双眼同时睁开,左眼向目镜内观察,同时用手转动反光镜,使镜面向着光源,当光线从反光镜表面向上反射入镜筒时,可看到圆形、明亮的视野,随后调节聚光器或虹彩光圈调控光的强度,使视野内的光线既均匀明亮又不刺眼。如果显微镜使用内置电光源,在打开光源开关后,除聚光器或虹彩光圈外,还可以通过调节光源的亮度旋钮(若有)得到光亮适宜的观察视野。

(三)放置玻片标本

升高镜筒,将事先制备好的玻片标本(盖玻片朝上)放置于载物台的标本推进器内,将需要观察的目标物正对通光孔的中心。

(四)低倍物镜的使用

低倍物镜视野范围大,易于发现观察目标和确定观察部位,观察任何标本都必须先用低倍物镜。

1.调整焦距　两眼从侧面注视物镜,转动粗调焦螺旋,使镜筒徐徐下降(或载物台徐徐上升),至物镜与玻片标本相距约5mm为止。随后用左眼或双目通过目镜注视镜筒,同时反方向慢慢转动粗调焦螺旋使镜筒慢慢上升(或载物台慢慢下降),直至看到清晰的物像为止(注意在边观察边调焦时,杜绝物镜接触玻片标本,以免压碎玻片,损坏镜头)。为使物像更加清晰,此时可稍转动细调焦螺旋,到物像最清晰为止。

若一次调焦时看不到物像,则应检查玻片标本是否放反,或标本中的目标物是否在光轴线上,重新移正,再重复上述过程,直至物像出现且清晰为止。

2.低倍物镜观察　调好焦距后,根据需要,推动标本推进器前后左右移动玻片,将需要观察部分移到最佳位置上。找到物像后,可根据材料厚薄、颜色、成像反差强弱是否合适等再进行调节,如果视野太亮,可降低聚光器或缩小虹彩光圈,反之则升高聚光器或放大虹彩光圈。

(五)高倍物镜的使用

在低倍物镜观察的基础上,需要观察细微结构或较小的物体时,可使用高倍物镜。

1.选定目标　由于高倍物镜视野范围较小,因此需要先在低倍物镜下找到清晰的图像,将需要进一步观察的部分移至视野的正中央,然后通过物镜转换器,换高倍物镜并使之合轴,使其与镜筒成一直线。

使用高倍物镜时,由于物镜与标本之间的工作距离很近,因此操作时要特别仔细,防止镜头碰击玻片。

2.调整焦点　由低倍物镜转为高倍物镜后,由于每台显微镜的低倍物镜和高倍物镜的观察焦距在出厂时已调整好,所以视野中即可见到模糊物像,一般只要稍许调节细调焦螺旋,就可获得最清晰的物像。注意在高倍物镜下调焦时禁用粗调焦螺旋。

3.调节亮度　在换用高倍物镜后,视野会变小变暗,需要重新调节视野亮度,可升高聚光器、放大虹彩光圈，或调亮内置电光源的亮度。

（六）油镜的使用

在使用油镜前，也要先用低倍物镜找到需观察的部分，然后转换为高倍物镜调整焦点，并将需观察部分移到视野正中央，再换用油镜。使用油镜前，须先在盖玻片上滴加 1 滴香柏油。使用油镜观察标本时，绝对不可使用粗调焦螺旋，只能使用细调焦螺旋调节焦点。若盖玻片过厚，则必须换为薄片方可调焦，否则会压碎玻片并损坏镜头。油镜使用完毕后，应立即用擦镜纸蘸少许清洁剂［乙醚和无水乙醇(7:3)的混合液］擦去镜头上的油迹。

（七）玻片标本的调换

观察完毕后，如需换看另一玻片标本，需先使用物镜转换器，将高倍物镜换成低倍物镜，取出原玻片标本，换上新玻片标本，然后重新从低倍物镜开始观察。绝对不可在高倍物镜下换片，以免损坏镜头。

（八）还镜

使用显微镜观察结束后，应先将镜筒升高（或载物台下降），取下玻片标本，使用物镜转换器，将物镜镜头转离通光孔，与光路构成“八”字形，再下降镜筒（或抬高载物台）到适当高度，并将标本推进器移到适当位置，反光镜还原与桌面垂直（关闭电光源），用擦镜纸、纱布（或绸布）分别将显微镜的光学部分、机械部分擦净。仍然右手握住镜臂，左手平托镜座，按座号将显微镜放回显微镜柜（箱）内。

三、光学显微镜使用和保管的注意事项

（1）显微镜是精密仪器，使用时一定要严格遵守操作规程，严格按步骤操作。尤其注意“两先两后”：先低倍物镜观察、后高倍物镜观察；先粗调、后细调。

（2）禁止随便自行拆装显微镜的机械和光学部分，如发现机件失灵、使用困难，应及时报告指导教师解决处理。

（3）观察的玻片标本，一定要加盖盖玻片。制作的带水或试剂的玻片标本必须两面擦拭干净后再放置于载物台上进行观察，且不能使用倾斜关节，以免水或试剂流出，污染、腐蚀镜头或损坏载物台等镜体机件，若不慎污染，应立即擦拭干净。加热处理的标本必须冷却后才能观察。

（4）使用 4× 物镜观察时，视野内往往出现外界景物，此时可慢慢下降聚光器至景物消失，或配合使用凹面反光镜。

（5）使用显微镜观察时，坐姿要端正，双目张开，左眼观察，右眼绘图和记录，切勿睁一眼闭一眼。

（6）调焦过程中，在使用粗调焦螺旋缩小物镜镜头和玻片标本之间的距离时，眼睛应离开目镜，从侧面注视观察，避免两者发生接触和碰撞导致显微镜受损。

（7）显微镜不可在阳光下曝晒，不进行观察时应及时关闭电光源。要随时保持显微镜清洁，使用完毕后及时收回镜箱或用防尘罩罩好。如有灰尘，机械部分可用纱布擦拭，光学部分则应先用镜头毛刷拂去或用吹风球吹去灰尘，再用擦镜纸轻擦，或用脱脂棉棒蘸少许乙醇和乙醚的混合液由透镜中心向外轻拭，切忌用手指、纱布或吸水纸等擦抹。

（8）显微镜的保存要求防潮、防尘、防热、防剧烈震动，保持镜体清洁、干燥和转动灵活。显微镜柜内应放干燥剂。不用的镜头应用柔软清洁的纸包好，置于干燥器内保存，梅雨季节要注

意检查和擦拭镜头。

第二节 双筒解剖镜的构造及使用

双筒解剖镜又称立体显微镜、体视显微镜、实体显微镜。使用双筒解剖镜观察时能产生正立的三维空间影像,立体感强,成像清晰且宽阔,宛如直接使用双眼观察。双筒解剖镜的放大率虽不如普通显微镜,但工作距离很长,而且不需要制成玻片标本,可直接使用实物进行任意解剖操作和观察记录,在移动被检物体和解剖时,成像和实物方向一致,非常适合于植物的茎尖剥制、花的结构解剖等(图1-2)。

一、双筒解剖镜的构造

1. 底(机)座 为解剖镜的基座,提供照明控制、接口位置等。

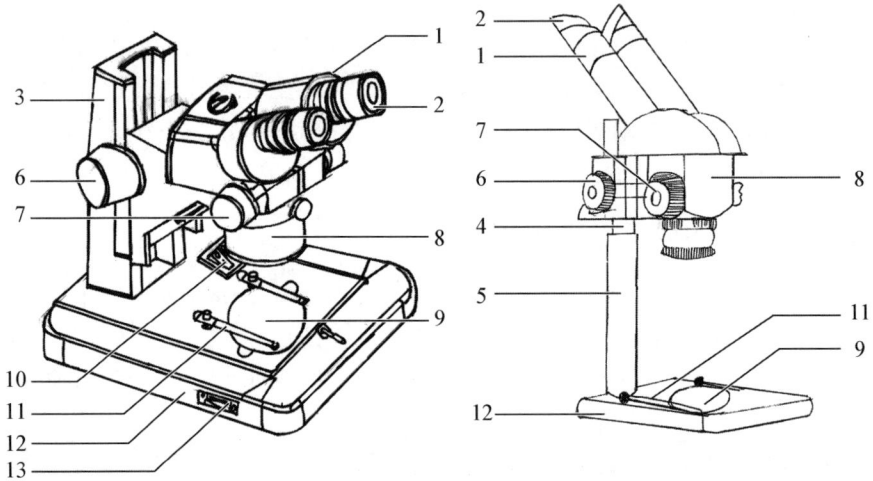

图 1-2 双筒解剖镜的构造

1. 目镜;2. 视度(目镜)调节器;3. 镜架;4. 活动支架;5. 固定支架;6. 升降手轮;7. 变倍手轮;8. 镜体;9. 承物板;10. 上下光源开关;11. 弹性压片;12. 底(机)座;13. 亮度调节手轮

2. 承物板 底座中央的活动圆板,用于放置标本或被观察物。

3. 弹性压片 用于夹持被观察体。

4. 亮度调节手轮 可调节照明亮度。

5. 上下光源开关 控制上光源、下光源。

6. 镜架 支撑、定位镜体。

7. 升降手轮 位于镜架两侧,可升降镜体,进行调焦。

8. 镜体 安装在镜架上,是解剖镜的成像系统,包括变倍物镜系统和互相独立的双目观察系统。镜体的上端安装有两个目镜筒,目镜筒下端的密封金属壳中各安装有棱镜组(即"正影"的装置,可改变成像的方向,将倒像转为正像);镜体的内部装有几组不同放大倍数的物镜(中间物镜,亦称变焦镜);镜体的下端装有一个大物镜(共用的初级物镜)。物镜、棱镜、目镜组成一个完整的光学系统:物体经物镜第一次放大后,由棱镜组翻转物像,再经目镜第二次放大,使观察者观察到正立的物像。

双筒解剖镜共用一个初级物镜,物体成像的光束被两组中间物镜——变焦镜分开,形成双通道光路,分别在两个目镜中成像,两个目镜筒中的左右两光束不是平行的,而构成$12°\sim15°$的体视角,为左右两眼提供具有立体感的图像(实质是两个单镜筒显微镜并列放置,两个镜筒的光轴构成相当于人双目观察物体时形成的视角,以此形成三维的立体视觉图像)。双筒解剖镜的倍率变化通过改变两组中间物镜之间的距离调节,因此又称连续变倍体视显微镜。

9. 变倍手轮　位于镜体两侧,可进行倍率调节。转动变倍手轮可改变放大倍数,获得不同倍率的试样成像,如果使用正确,显微镜在整个变倍过程中是齐焦的。

10. 目镜　目视观察用的透镜组,可调节两个目镜筒之间的宽度,观察者可根据自己双眼的距离进行左右调节。

11. 视度(目镜)调节器　可按不同视度要求调节成像,以适应观察者左右眼视力上的差异,校正双眼的视力差。

二、双筒解剖镜的使用方法

1. 装夹试样　根据标本选择承物板,观察透明标本时,可选用毛玻璃承物板;观察不透明标本时,可选用黑白承物板,观察深色标本时,用白色面,观察浅色标本时,用黑色面。将标本放在承物板的中央,用弹性压片固定,以便于观察调整。

注意:针插标本要先插在软木或泡沫块上,液浸标本要放在培养皿内,解剖标本要放在蜡盘中。

2. 选择合适的照明　观察透明标本时,可使用下光源(光线自下而上透射,可调节亮度,称为透射照明)或上光源(光线自上斜向下入射,可调节亮度,称为落射照明);观察不透明标本时,可选用黑白承物板,使用上光源或外接光源(外接照明装置一般可选用普通的台灯或特制的环形荧光灯,环形、叉形光导纤维冷光源等)。通过调节光源与标本间的距离和角度,可以得到最佳的亮度和对比度。

3. 调焦　将变倍手轮转动到最低倍数,以得到最大的视野,确认观察物在视场中央;调节升降手轮,使镜体上下运动,进行调焦;然后换至高倍镜再稍许调焦,直至视野中图像清晰。

4. 观察　调整瞳距和目镜视度调节器,消除视差,使成像适合个人的瞳距和视力,观察更加舒适、清晰。当使用者通过两个目镜观察时,若观察到的视场不是圆形,则应扳动两个目镜筒,改变目镜筒的出瞳距离,直至能够观察到一个完全重合的圆形视场,若成像不清晰,则应沿轴向调节目镜筒上的视度调节器,直至标本成像清晰,然后再双目观察调焦效果。

双筒解剖镜可选配丰富的附件,根据实际使用的需要,和所购仪器的配备以及对工作距离和总放大倍数的要求,选择调换不同放大倍率的目镜和附加物镜,以达到恰到好处的放大倍数,亦可通过各种数码接口,与数码相机、摄像头、电子目镜和图像分析软件组成数码成像系统,接入计算机进行分析处理。

三、双筒解剖镜使用注意事项

(1)取用双筒解剖镜时不要抓取升降手轮、镜体、目镜等易脱部件,必须一手握住镜架,一手托住底座,保持镜身垂直,轻拿轻放,以免破坏仪器的精密部件,影响精度。

（2）双筒解剖镜应放置在牢固稳定的工作台上，使用前应检查镜头等零部件是否齐全。

（3）旋动升降手轮时，不要太快或太猛，以免上下移动超出齿槽的极限。若升降手轮失灵，应暂停使用，并报告教师处理。不可同时反向调节升降手轮，接近上下限位时不可再调升降手轮，否则易损坏调焦机构。

（4）操作时请勿用手直接接触镜面，避免污染透镜、滤色片。清洁镜面时可先用吹气球吹去镜面上的灰尘，或用干净的镜头笔轻轻刷去，再用擦镜纸轻轻擦拭。使用擦镜纸擦拭时，要沿一个方向轻轻擦拭，不可左右前后擦拭。

（5）请勿自行拆卸解剖镜，解剖镜（自带光源的）机座内有复杂的电路系统，禁止拆卸，以防损坏线路。

（6）在使用双筒解剖镜自带的上、下光源照明期间，灯泡及灯罩会很热（烫），注意不要灼伤自己。不要使易燃易爆物（如汽油、酒精、油漆等）及易挥发物（如乙醚、丙酮、稀释剂等）靠近热的灯泡，以免发生事故。任何固体或液体进入仪器内，请立即断开电源，并请专门技术人员检查后方可继续使用。

（7）观察（使用）完毕后，关掉仪器电源开关并拔下电源线插头，移走标本，用清洁纱布（或绸布）清洁仪器表面，将升降手轮旋至中间位置，待仪器冷却后，罩上防尘罩或放回镜箱内，最后登记使用情况。

（8）双筒解剖镜必须定期维修和保养，以保持各个零件、组件位置正确和各个关节灵活，并应保持仪器内部的清洁干燥。

第三节　数码显微镜与数码显微互动系统

一、数码显微镜的组成及特点

数码显微镜是在显微镜的实像面处加装摄像头作为接收器，将显微镜的实物图像通过数模转换，成像在显微镜自带的屏幕或计算机上，又称为视频显微镜。数码显微镜将精锐的光学显微镜技术、先进的光电转换技术及液晶屏幕技术结合在一起，并配备了影像处理和测量软件，能够实现图像观察，数据测量，图片保存、处理，打印等多种功能，使人们对微观领域的研究从传统的、普通的双眼观察转变为通过显示器再现，实现检测和信息处理的自动化，提高了工作效率。

1. 数码显微镜的组成

（1）显微镜：Nikon E200MV 三目生物显微镜（教师用机）或 Nikon E100 双目生物显微镜（学生用机），其光学系统均为无限远光学系统。

（2）数码摄像系统：教师用机的成像系统为 DC 系列高像素数字摄像头，学生用机内置高像素成像系统（均大于 900 万像素）；USB2.0 纯数码输出，内含大视场物镜，可采集 90% 目镜视场；支持第三方软件。

（3）显示和记录硬件设备：教师用机为品牌台式电脑，英特尔(Intel)i7 CPU 处理器，8G 内存，1G 独显，1Tb 硬盘；学生用机为品牌便携式平板电脑，4G 内存，64G 固态硬盘。

（4）视频图像采集系统：包括视频捕获和图形处理等软件，可以对图像进行各种测量，对选定目标进行过滤、分割及自动计数，可以手动或自动拍照、录像，可以自动曝光和自动平衡。

2. 数码显微镜的使用和操作

(1)插上插座,打开显微镜和电脑或平板电脑电源。

(2)打开电脑或平板电脑桌面的图像观察软件。

(3)将确定观察的标本放在载物台上,按照普通显微镜的使用顺序和方法调整显微镜,使显示屏出现清晰的标本影像。

(4)若需要观察细节,则在相应的图像处理软件下进行具体的操作。

(5)观察结束,取下标本片,退出图像观察软件,关闭显微镜和电脑或平板电脑电源,拔下插头。

3. 数码显微镜的优点

(1)可用于计算机辅助教学。数码显微镜可以通过视频捕获,直接将物像的数码信号输入计算机,教师可将图像及数据制作成各种形式的多媒体课件,开展多媒体教学。

(2)提高教学效率。数码显微镜可以实现多人共同观看,师生可以边观测、边讨论,需要时亦可打印输出。

(3)进一步放大了观察物像。数码显微镜可以在原光学显微镜放大的基础上进一步放大标本,观察者可通过显示屏(或投影放映)观察,倍数更大,效果更佳。

(4)可避免个体之间观察结论的差异。数码显微镜可以解决由于各人观测的时间、视点不同,对活体或复杂标本个体观察结论出现差异的问题。

(5)可减轻疲劳。数码显微镜采用显示器(或投影)的观测方式,完全脱离常规的观测模式,减轻了长时间观测时眼睛、颈部等部位容易疲劳的问题。

(6)可进行局部放大。利用图形处理软件,可将一个装片或一个组织的不同视点,进行局部放大。还可对一个装片或一个组织进行连续移动观察,从而可以全面地掌握所观察对象的内外结构特征,并可形成视频文件,方便观察者反复进行动态观察。

二、数码显微互动系统简介

数码显微互动系统是利用数码显微镜,通过局域网实现双向/多向沟通的显微形态教学方案。该系统可为实验室提供清晰的画面和丰富的交互模式,学生端和教师端均使用高清晰度的数码显微镜,通过 USB 接口与各自的电脑相连,教师端和每一个学生端均成为相对独立的强大图像处理单元。各单元之间通过专有的局域网实现互联,教师可以使用全新的分布式数码互动软件系统进行设备组织与课堂教学,实现全面的图像数据共享和灵活的语音交流,丰富了教师与学生之间双向沟通的模式与渠道,为现代实验教学提供了一种崭新的手段。

1. 系统构成

(1)硬件系统。数码显微镜系统(分为教师用机和学生用机)、教师计算机工作站、学生电脑、网络系统(局域网)、数字视频网络加速系统和示教系统等。

(2)软件系统。数码控制系统(包括屏幕广播、点名、视频广播、学生端控制、实时监控等功能)、教师端高级图像软件,学生端独立图像软件,视频图像采集系统,语音问答及考试互动系统等。

2. 特点

(1)硬件方面。每个学生端都自带电脑,成为独立的图像处理平台;学生端配置高分辨率内置一体化数码显微镜;教师端配置高分辨率数码显微镜,图像清晰,网络稳定、高效,布线简洁,安装维护方便。教师端可以实时播放课件至学生端,也可以将实时图像投影至大屏幕进行示教。

(2)软件方面。教师端可远程开启学生端软件和关闭学生电脑,可以将某一个学生端的图像传送给所有学生,也可以将教师端的图像传送给所有学生,实时监控所有学生的电脑屏幕,加强教学管理。学生端拥有独立的图像处理分析软件,能有效提高学生自主分析能力。通过讨论教学指针,可以实现学生与教师在显微镜图像下的动态实时讨论,学生可以与教师进行图文并茂的沟通。

第四节　其他显微镜类型简介

一、其他常见的光学显微镜

自16世纪晚期第一台现代显微镜的雏形出现以来,显微镜的发展经历了400余年。复式显微镜经过不断改进,结构和性能逐步完善,形成了品种繁多、型号各异的光学显微镜系列,可以按光源类型、光学原理、使用目镜的数目、接收器类型、图像是否有立体感等特点划分。除了广泛使用的普通光学显微镜外,还有荧光显微镜、倒置显微镜、偏光显微镜、相差显微镜、微分干涉差显微镜、暗视野显微镜和激光共聚焦扫描显微镜等具有特殊功能或用途的光学显微镜。

20世纪80年代以后,光学显微镜的设计和制作又有了很大的发展,其发展趋势主要表现在:注重实用性和多功能性方面的改进,在装配设计上趋于采用组合方式,集普通光镜与相差、偏光、暗视野、摄影装置于一体,操作灵活,使用方便。

1. 荧光显微镜　细胞中的有些物质,如维生素A、叶绿素等,受紫外线照射后可发出荧光;另有一些大分子物质如蛋白质(抗原)等,本身虽不能发出荧光,但使用荧光染料或荧光抗体染色后,经紫外线照射亦可发出荧光。荧光显微镜利用高放光效率的光源,经过滤色系统发出短波长的光线(如365nm紫外光或420nm紫蓝光)作为激发光,照射经荧光素染色的被检物体,激发标本内的荧光物质发射出不同颜色的荧光后,再通过物镜和目镜放大观察这类物质的形状及其所在位置,主要用于研究细胞内物质的吸收、运输、化学物质的分布及定位,以及基因原位杂交(FISH)等。

2. 倒置显微镜　可适应生物学、医学等领域中的组织培养、细胞离体培养、浮游生物培养、环境保护、食品检验等的显微观察。

倒置显微镜的组成与普通显微镜一样,由于上述样品特点的限制,被检物均放置在培养皿(或培养瓶)中,因此要求物镜在载物台之下,照明系统在载物台之上,并且物镜和聚光镜的工作距离很长,可以直接对培养皿中的被检物体进行显微观察和研究。由于物镜、聚光镜和光源的位置均与普通显微镜相反,故称为"倒置显微镜"。

3. 偏光显微镜　用于检测具有双折射性的物质,如纤维丝、纺锤体、胶原、染色体、晶体和淀粉粒等。与普通显微镜不同的是,在光源与被检物体之间装有偏振片(起偏器)。偏振片是一个装在聚光器下的尼克尔棱镜,可将进入载物台通光孔的光线转变为偏振光,镜筒中(物镜与目镜之间)有检偏器(一个偏振方向与起偏器垂直的起偏器,第二个尼克尔棱镜),这种显微镜的载物台可以旋转,当载物台上放入单折射的物质(光学上具有"各向同性")时,无论如何旋转载物台,由于两个偏振片是垂直的,显微镜中看不到光线,而放入双折射性物质(光学上具有

"各向异性")时,由于光线通过这类物质时发生偏转,因此旋转载物台便能检测到双折射性物体。

二、电子显微镜简介

电子显微镜自 20 世纪 30 年代研制出现后,经过多年的发展已成为现代科学技术中不可缺少的重要工具。电子显微镜技术的应用建立在光学显微镜的基础之上,与光学显微镜相比,电子显微镜使用电子束代替可见光作为光源,以特殊的电极和磁极作为透镜代替玻璃透镜,使电子束会聚成一束,穿过样品后再经电磁透镜的作用,使荧光屏将肉眼不可见的电子束成像,可将样品的物像放大几百倍、几万倍甚至上百万倍,以显示物体的细微结构。

电子显微镜的特点是放大倍数高,可观察到光学显微镜下不能观察到的结构(如内质网)或生物(如病毒)。它的另一个特点是分辨率高,如透射电子显微镜的分辨率为 0.2nm,较光学显微镜的放大了 1 000 倍。即使是在同样的放大倍数下,光学显微镜所有能观察到或观察不清楚的结构,在电子显微镜下都能看清楚。由于空气对电子束有阻碍作用,因此电子显微镜内部需要保持真空状态。另外,由于电子易散射或被物体吸收,故穿透力低,无法穿透过厚的样品,所以必须将样品制备成厚度为 60～90nm 的超薄切片。电子显微镜的造价和使用条件比光学显微镜高得多。

电子显微镜由镜体(电子光学系统)、真空系统和供电系统三部分组成。

镜体主要有电子源、电子透镜、样品架、荧光屏和探测器等部件,这些部件通常自上而下地装配成一个柱体。电子透镜用来聚焦电子,其作用与光学显微镜中的光学透镜(凸透镜)聚焦光束的作用相同,光学透镜的焦点是固定的,而电子透镜的焦点可以被调节,因此电子显微镜没有光学显微镜那样可移动的透镜系统。

真空系统用以保障显微镜内的真空状态,确保电子在其路径上不会被吸收或偏向,由机械真空泵、扩散泵和真空阀门等构成,并通过抽气管道与镜筒相连接。

供电系统由高压发生器、励磁电流稳流器和各种调节控制单元组成。

根据电子束的性质种类及穿透能力不同,通常将电子显微镜分为透射电子显微镜和扫描电子显微镜两大类。

1. 透射电子显微镜　因电子束穿透样品后,再用电子透镜成像放大而得名。透射显微镜的光路与光学显微镜相仿,可以直接获得一个样本的投影。其工作原理是在高真空系统中,由电子枪发射电子束穿过被研究的样品,入射电子与样品原子碰撞产生散射,由于样品的不同部位结构、成分和致密程度不同,因而对电子的散射程度不同,这些密度高低不同的电子通过电子透镜聚焦放大在荧光屏上成为可见的图像(也可把电子束射到感光片上拍下样品的照片,成为记录样品的结构图像)。

由于电子的波长比光波短,分辨率得到了极大地提高,目前制造出的透射电镜的分辨率可达 0.1～0.2nm,放大倍数通常为几万至几十万倍,最大放大倍数可超过 300 万,观察者可以清楚地观察到光学显微镜不能分辨的亚显微结构。

2. 扫描电子显微镜　扫描电子显微镜的电子束不穿过样品,其工作原理是电子束聚焦在样品表面逐行扫描,入射的电子使样本表面被激发出次级电子,这些电子经过收集和放大,可在显微镜的荧光屏上呈现样品影像。扫描电镜获得的图像有很强的立体感,反映了标本的表面结构,同时可以将样品在样品室内进行各方面的水平移动和转动,以便于从各种角度观察样品的不同区域。扫描电子显微镜主要用于观察生物样品表面和断面的亚显微结构。

扫描电镜的分辨率主要取决于样品表面上电子束的直径,放大倍数为显像管上扫描幅度与样品上扫描幅度之比,可从几十倍连续地变化到几十万倍,目前最大放大倍数可达 80 万～120 万倍。相比透射电子显微镜,扫描电子显微镜不需要很薄的样品。

（钱　枫）

第二章

药用植物临时装片的制作技术

第一节　植物制片简介

在光学显微镜下观察药用植物的内部组织构造,需要根据不同的目的和需求,将要观察的植物材料制作成光线能够通过的显微标本片,方可进行观察。

药用植物的制片方法很多,根据制成的显微标本片保存时间的长短,可分为临时制片和永久制片两种类型。

临时制片是将少量的新鲜植物材料(如表皮或植物的幼嫩器官切成的薄片等),放在载玻片上的液体中,加盖盖玻片制成的玻片标本。制成的显微标本片不需要长期保存,可以保持植物材料的生活状态和天然色泽,制片所用设备简单,操作方便,一般多用于临时观察研究或某些化学试剂的组织化学反应,是科研和实践教学中常用的方法之一。

永久制片为能够长期保存的显微标本片,其制作过程较为复杂,需要对新鲜的植物材料进行固定、脱水、透明、包埋、切片、染色、封藏等一系列步骤,耗时较长。

第二节　临时制片的常用技术与方法

一、临时制片的制作步骤

1. **擦玻片**　用干净纱布(或其他布块)擦拭载玻片,注意左手拇指和示指夹住载玻片两侧,右手用纱布夹住玻片上下两面,朝一个方向揩擦到干净为止。擦盖玻片时,右手大拇指和示指用布块夹住盖玻片,左手拿住盖玻片两侧并转动,擦时手指用力要轻而均匀,否则容易损坏玻片。

2. **滴装置液**　用吸管吸取蒸馏水或其他溶液,滴一滴于载玻片中央。

3. **放置材料**　将选取或处理后的植物材料置于在载玻片中央。

4. **加盖玻片**　用镊子夹住盖玻片一侧,使另一侧先接触载玻片上装置液的边缘,再慢慢放下盖玻片以排除空气、防止气泡产生。如果盖玻片下液体过多而溢出盖玻片,可用吸水纸吸去溢出的液体;若液体未充满盖玻片,则可从其一侧再滴入一小滴装置液,在相对一侧配合使用吸水纸,从而赶走气泡以便于观察。

5. **染色或药剂处理**　可在盖玻片一侧加入适量染液或其他药剂,在相对一侧用吸水纸吸去多余染液以使染液渗入材料,注意操作中切勿使镜头等受到污染。

6. 临时制片短期保存 可在临时制片材料上滴加一滴 10％甘油水溶液,加盖玻片,平放于培养皿中,加盖以减少装置液的蒸发,可保存一周。

二、临时制片的常用方法

药用植物学的实验中,根据取材的不同,有下列常用的临时制片方法。

1. 表皮制片(撕片) 取新鲜的叶类、草类药材(干燥的叶类和草类等药材经处理后也可),制成的显微标本片,主要观察表皮细胞(垂周壁)、气孔及气孔轴式、毛茸等显微构造特征,是观察植物叶的上下表面、草本茎、花冠表面组织时常用的一种制片方法。

制片方法:左手拇指和示指夹持叶片,必要时可以用中指由下方托住叶片,右手持镊子,用其尖部插入叶片的适当部位,撕取一小块表皮,浸入盛有水的培养皿中。左手持洁净载玻片,将载玻片一端斜向下浸入水中,靠近撕下的叶表皮,右手持镊子或解剖针,将叶表皮移到载玻片中央,加盖玻片后,擦净载玻片两面的水渍。

洋葱表皮装片的制作

也可先在准备好的载玻片中央滴加 1～2 滴水,将用镊子撕取的一小块植物表皮直接放置于载玻片上的水滴中,注意勿使材料重叠或皱缩,然后取盖玻片轻轻放下,吸去载玻片上溢出的水渍。

水或稀甘油装片的制作

水合氯醛透化片的制作

2. 粉末制片 是将干燥的药材粉碎后过 50～80 目筛,根据不同的要求而采用不同试剂处理后封片制成的显微标本片。常用的有以下 4 种。

(1)水装片。取药材粉末少许,置于载玻片中央,滴加 1 滴水,用解剖针拨匀粉末并使其被浸润后,再滴加 1～2 滴水,盖上盖玻片封片即成。

(2)稀甘油装片。取药材粉末少许,置于载玻片中央,然后滴加 1～2 滴稀甘油,轻轻搅匀后用盖玻片封片即成。

上述两法适用于观察淀粉粒,主要用于药材中有无淀粉粒及淀粉粒的形态鉴定等。

(3)稀碘液装片。取药材粉末少许,放于载玻片中央,然后滴加 1 滴稀碘液,封片后即成。此法制成的显微标本片常用来检测药材粉末中是否有淀粉粒,如果粉末中有淀粉粒,置镜下观察即可看到被染成蓝黑色或蓝紫色的淀粉粒。

(4)水合氯醛液装片。水合氯醛是一种常用的透化剂,能将粉末

解离组织制片的制作
(黄豆芽)

中的淀粉粒、蛋白质、挥发油、树脂和色素等物质溶解，并能快速透入组织中，使干燥的细胞组织膨胀变得清晰透明，便于观察和镜检。

制片方法为：取药材粉末少许，置于载玻片中央，滴加 2～3 滴水合氯醛液，轻轻搅匀使其被浸润后，用酒精灯文火加热，注意火不要太急，避免煮沸、烧干；在水合氯醛液快干时，将载玻片离火，载玻片略为冷却后，再滴加 1 滴水合氯醛液，用解剖针拨匀，再加热，如此反复 3 次；在载玻片稍冷却后立即滴加 1 滴稀甘油，以免水合氯醛液在温度下降和干燥后析出结晶影响观察，最后加盖盖玻片即成。

3. 解离制片　当实验中需要观察单个细胞的完整形态时，要先将材料切成长约 1cm，火柴杆粗细的小条，然后用某些特殊的化学试剂对药材进行解离，使组织软化并将细胞的胞间层溶解，细胞彼此分离，这种方法称为组织解离法，利用这种方法制作的显微标本片称为解离制片。

解离液的选择根据要解离的药材确定。

(1)氢氧化钾(钠)法。适用于木质化细胞少，组织柔软的材料，如叶、花、根尖等。

制片方法为：取材料置于小烧杯或试管中，加入 5％氢氧化钾(钠)溶液 2～5ml，水浴加热 20～30min，至材料被玻璃棒轻压即能散开为度，倾去碱液，用水反复洗涤后，取少许解离后的材料置于载玻片上，用玻璃棒将其压碎，以水合氯醛试液或稀甘油装片即成。

(2)铬酸-硝酸法。适用于木化组织较多的材料，如木质的根、根茎类药材，木类药材等。

制片方法为：取 20％硝酸和 20％铬酸各 1 份，等量混合制成解离液，在小烧杯或试管中放入需解离的材料，加入适量解离液，浸泡 1～2 天(夏天室温即可，冬天需加温到 30～40℃)，至材料被玻璃棒搅拌轻压即能离散开为度，用清水离心洗涤数次，洗净酸液，取少许解离后的材料置于载玻片上，用玻璃棒将其压碎，以水合氯醛试液或稀甘油装片即成。

用此法处理的材料，其木化细胞壁不再显示木化反应。

(3)氯酸钾法。适用于木类、坚硬的果皮及种皮等药材。其特点是解离迅速，有漂白作用，便于染色制成永久切片，但纤维素壁细胞大多被破坏。操作时要注意安全。

制片方法为：取材料置于小烧杯或试管中，加入 50％硝酸 5ml，在小火上加热至微沸，移离火焰，加入少量氯酸钾粉末并维持气泡稳定产生，至材料呈白色絮状时停止，冷却，用清水离心洗涤数次，洗净酸液，吸取少许解离后的材料置于载玻片上，以水合氯醛试液或稀甘油装片即成。

徒手切片的制作(麦冬)

4. 徒手切片　该方法是药用植物学的形态解剖实验教学中最常用、最简便的一种制片方法。虽然切片常常厚薄不均、不完整，但优点是工具简单，只用一个刀片就可以操作，操作简便，简单易学，无需特定场所，所需时间短，即切即可观察，更可观察植物材料自然状态下的形态和颜色。适用于植物器官的横切面组织观察、纵切面组织观察以及显微化学反应观察等。

制片方法如下。

(1)取材。一般在根的头部、中部和较细的尾部分别取材；茎一般在节间取材；叶一般分别在叶基、叶中和叶端取材。其他有特殊要求的，根据具体要求取材。

对于所切的材料，如果大小、硬度适中，例如一般草本植物的根、茎、叶柄等，可直接手持材料进行切片。

如果材料过小、太软或太薄,例如叶片、小根、小茎,则需要选择萝卜或胡萝卜的贮藏根、马铃薯的块茎或通草等作为支持物。先将支持物切成小块或小段,于中间切开一小部分,然后将需要切片的材料切成适当的长度或大小,夹入支持物内(需要材料的横切面则将其竖直夹入支持物内,需要纵切面则横夹)进行切片。

如果材料过硬,例如木本植物的茎或木材,直接切片很困难,需要先进行软化处理,将材料切成小块,用水反复煮沸,然后放入 50% 的甘油液中(用蒸馏水配制),数星期后(浸润时间的长短,随材料的大小和硬度而定)取出切片。

切片用的材料(或支持物)一般长 3cm 左右,直径不超过 5mm。

(2)切片。将刀片和材料在水中湿润,左手拇指和示指夹住材料,示指略高于拇指,环指(无名指)或小指从下部托住材料,拿正,材料上端突出 1~2mm;右手示指和拇指持刀片,平放在左手的示指之上,刀口向内,且与材料断面平行;两臂夹紧,左手不动,右手用臂力(不要用腕力),自左前方向右后方平行地、较快速地拉拽刀片滑行切片,充分利用刀锋,把材料切成正而平的薄片(图 2-1)。

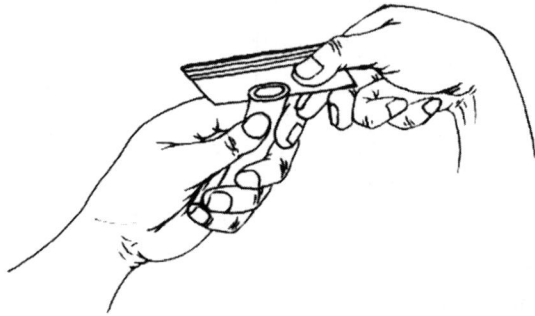

图 2-1 徒手切片的持刀方式

在连续切下数片后,将刀片在盛有蒸馏水的培养皿中轻轻涤荡,使材料从刀片上荡入水中。在切片过程中,刀片和材料始终带水,一则润滑刀片,二则可以保持材料湿润,避免因失水导致细胞变形并产生气泡。在切片中,需及时调整左手所持材料的高度,避免刀口切伤手指。重复上述操作,直到切出合适的切片为止,即肉眼看上去呈半透明状的切片。

(3)装片。在培养皿中挑选出正而薄的较完整切片(如果用支持物夹着材料切片,则应先将支持物的切片先行剔除),用前述表皮制片的方法,根据需要加水、稀甘油或其他试剂封片制成临时装片。

三、相关的植物解剖切面简介

在学习植物体的内部显微构造以及制作植物标本片时,需要掌握一些相关的解剖切面知识。

1. 植物器官的三种切面 以观察茎的立体结构为例,需要借助于三个相互垂直的切面,才能较为完整地了解。这三个切面如下(图 2-2)。

(1)横向切面。与植物茎的纵轴垂直所作的切面,从切面上可观察到年轮呈同心环状,所

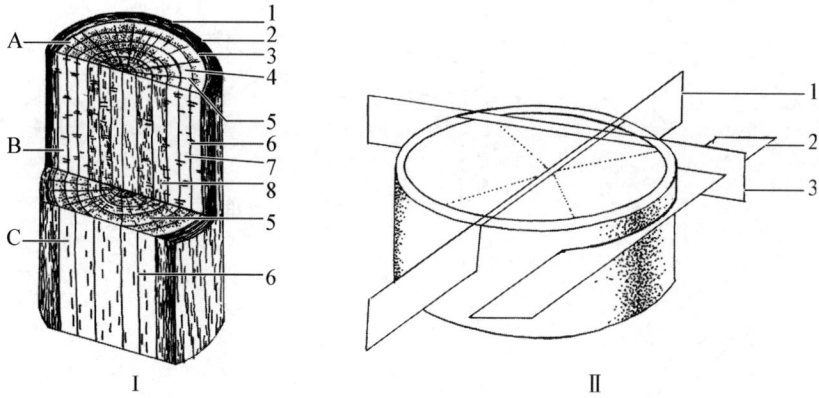

图 2-2　植物器官的三种切面

Ⅰ. 木材三切面：A. 横向切面；B. 径向切面；C. 切向切面

1. 外树皮；2. 内树皮（韧皮部）；3. 形成层；4. 木质部；5. 射线；6. 年轮；7. 边材；8. 心材

Ⅱ. 切片的三种切面：1. 径向切面；2. 横向切面；3. 切向切面

见射线为纵切面，呈辐射状排列，可观察到射线的长度和宽度。两射线间的导管、管胞、木纤维和木薄壁细胞等，均呈大小不一、细胞壁厚薄不等的类圆形或多角形。

（2）径向切面。通过茎的中心所作的纵切面（即沿直径作出的切面）。该切面可观察到年轮为纵行排列的平行线，射线呈横向平行排列的短线分布，与年轮成直角，可观察到射线的高度和长度。导管、管胞、木纤维等均为纵切面，呈长管状或梭形，其长度和次生壁的增厚纹理均很清楚。

（3）切向切面。不通过茎的中心且垂直于茎的直径（或半径）所作的纵切面，也称为弦向切面。该切面上可见射线为横切面，细胞群呈纺锤形，作不连续的纵行排列。可观察到射线的宽度和高度，以及细胞列数和两端细胞的形状。所见到的导管、管胞和木纤维等细胞的形态、长度及次生壁增厚的纹理等都与径向切面相似。

2. **细胞的壁向和细胞分裂方向**　植物细胞呈多边的立体形状，可能向一切方向发生分裂，但通常有三个主要的分裂方向（图 2-3）。

（1）切向分裂。细胞分裂生成的新细胞壁在横切面上与植物体或植物器官的半径垂直的分裂称切向分裂，由于细胞经切向分裂后生成的新细胞壁和植物体或植物器官的外表面是平行的，又称平周分裂，其结果是植物体或植物器官的增粗。

（2）径向分裂。细胞分裂后所生成的新细胞壁在横切面上与植物体或植物器官的半径线平行的分裂称径向分裂，结果是增加了植物体或植物器官的周圆。

（3）横向分裂。细胞分裂后所生成的新细胞与植物体或植物器官的横切面平分的分裂称横向分裂，其结果是增加了植物体或植物器官的长度。

径向分裂与横向分裂均属于垂周分裂，细胞经横向分裂或径向分裂后所生成的新细胞壁和植物体或植物器官的外表面是垂直的。

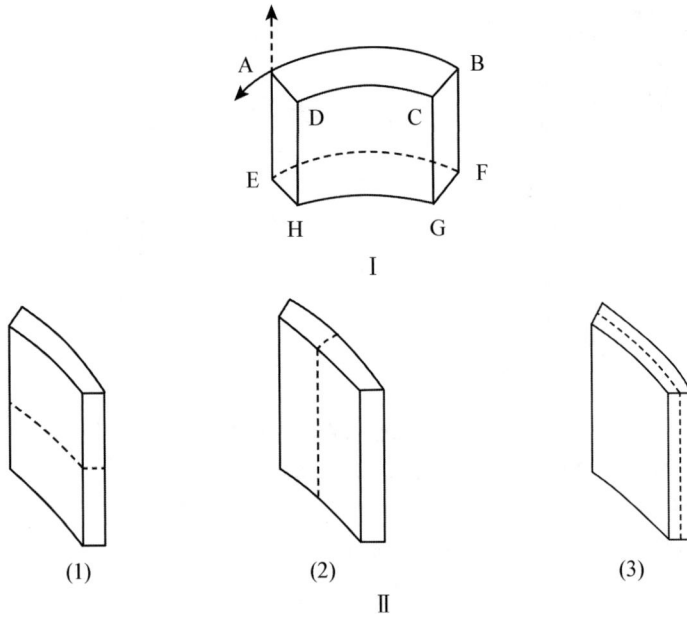

图 2-3 细胞的壁向和细胞分裂方向

Ⅰ. 细胞的壁向：
$\left.\begin{array}{l}\square\text{ABCD}\\\square\text{EFGH}\end{array}\right\}$横壁　　　$\left.\begin{array}{l}\square\text{ADHE}\\\square\text{CBFG}\end{array}\right\}$径向壁

$\left.\begin{array}{l}\square\text{ABFE(外)}\\\square\text{DCGH(内)}\end{array}\right\}$切(弦)向壁(平周壁)

Ⅱ. 细胞分裂的方向：(1)横向分裂(垂周分裂)　(2)径向分裂
(垂周分裂)　(3)切向分裂(平周分裂)

（王　乐）

第三章　药用植物的绘图方法与技术

药用植物的外部形态和内部解剖构造特征除用文字描述外,往往需附有绘图进行形象生动的补充和印证,图文相辅相成,在详尽记录植物体的宏观形态特征和微观显微构造的同时,能够进一步准确反映植物的某些典型细节特点和种间区别,以利于对药用植物的研究和开发利用。在学习药用植物学的过程中,绘图是完成实验报告的重要内容之一,绘图能够帮助学生加深对植物的形态和结构特征的理解,是必须掌握的一项基本技能。

第一节　植物绘图的基本知识

植物绘图属于生物绘图的一种类型,是一种特殊的具有高度科学性的绘画艺术,为科学与艺术相结合的产物。植物绘图以植物学为理论基础,以植物学的野外资料和植物结构的精准比例为绘图依据,采用绘画艺术的表现手法,从不同的角度科学而形象地再现植物的外部形态和内部各器官组织等的构造特征,通过图形或图画的形式描绘植物。

一、植物绘图的基本原则和要求

植物绘图与普通美术绘图不同,是对植物形态特征和内部构造进行科学记录和客观反映的过程,有以下 4 点基本原则和要求。

1. **科学性和准确性**　要认真学习相关的植物形态、解剖及分类学的基本理论知识,根据掌握和理解的植物体各器官形态、解剖及分类特征,结合了解到的植物生长环境和正常的生长状态,选择正常、典型的材料,仔细观察,分析所要绘制部分的特征,找出有特点部位,保证绘出的图形形态结构的科学性和准确性。

2. **布局合理、比例正确**　植物绘图开始前,要对所绘对象、版面布局进行充分构思,确定好绘画对象的主体和重点及从属部分,力求在构图上突出重点、兼顾一般、合理布局,做到衬托协调匀称、比例大小适宜,舒展自然。要按照植物不同器官或各组织细胞结构的原有比例进行绘图,所绘植物外部形态各部分的长短和大小比例必须正确,符合植物体的实际比例,绘制植物组织及器官的解剖结构图时,需要注明显微放大倍数。

3. **真实直观,特征突出**　植物绘图要有真实感,应把植物器官的外形或解剖结构完整且正确地绘制出来,例如对于根的外部形态,不但要准确画出根的形状,根系的特点,是否有根的变态等也需要一一表现出来。绘出的植物图要能反映所绘植物体的具体薄厚、宽窄、光滑、粗糙、柔软、坚硬等质地情况,正确表现区别,并富有立体感。当需要通过某个特殊的特征来描绘植物的形态结构特点时,允许采用必要的对比手法,将植物的重要形态特征作为主体部分,放在画面的中心位置重点描绘,其余部分作为次要部分,放在从属位置,适当绘出轮廓。

4. 规范、清晰、美观 植物绘图是一种科学绘图,一般为黑白点线图,采用小而圆的点和粗细均匀的线条表现实物的明暗和轮廓,应注意轻重适宜、疏密有致、层次分明,切忌用涂抹阴影的方法代替点线,在科学、真实的前提下,采用必要的艺术表达手法,力求绘出内容科学准确并具有一定艺术性的植物图。

二、植物绘图的常用方法和基本步骤

植物绘图的常用方法分为徒手绘图法和显微绘图法两种。若按照绘图工具则可分为铅笔绘图法、墨线绘图法和彩色绘图法等。

药用植物学实验课中完成实验报告,绘制植物细胞组织的显微结构图、植物全株外形图和植物器官形态图时,一般采用徒手绘图法。只有在为了精准描绘出显微镜下所见检体的形态时,才需要使用有特殊装置的显微镜描绘仪(如阿贝式描绘器)。

徒手绘图的基本步骤。

(1)选择绘图对象。选择完好且有代表性的植物标本,或在显微镜下观察到的最典型的结构部分。

(2)观察和构图。细致观察所绘对象各部位的形状、结构、彼此间的比例关系,以及较明显的立体结构。根据所绘制的内容、绘图纸张的大小和绘图的数目,按左图右字的方式安排每个图的位置及大小,合理布局,要在允许范围内充分放大,以便清楚地表示出各部分的结构特点和相互关系,注意留出注释文字和书写图题的位置。

(3)勾画轮廓。先用较硬较淡的铅笔(2～4H),按照实物标本或显微图像的比例关系,以及立体投影,在图纸上轻轻勾画出整体轮廓草图,以便于修改。在确认各部分比例无误后,对照观察到的实际外部形态或内部构造,等比例画出与实物或标本相吻合的各部分轮廓,具体描绘出植物的外部形态和内部构造等。

(4)实描和衬影。经反复对照修改后,用较软较浓的铅笔(HB或2B)正式绘出修改图。只能用符合要求的线条和圆点绘制,采用"积点成线,积线成面"的表现手法,要按顺手的方向一笔勾绘出与植物体的形态结构特点相吻合的线条,接头处无分叉或反复描画的痕迹,线条粗细均匀且清晰,尽可能一气呵成不反复,切忌重复描绘;圆点要用铅笔垂直点,点得圆、点的细、点得匀,其疏密程度表示不同部位的明暗或颜色的深浅,营造立体感。

(5)引线注字。图像绘制好后,需要用引线和文字注明各部分名称。一般用平行线向右侧引出,所有引线末端应在同一垂直线上,注字应详细且准确,用正楷书写,若右侧写不下,可将部分名称注在左侧。在图的下方注明该图名称,即某种植物、某个器官等内容。注意所有绘图和文字都必须使用黑色铅笔,不可以用钢笔、圆珠笔、签字笔或其他有色水笔。

在印刷、出版书籍和论文时,为满足制版的需要,不能用铅笔图,必须采用墨线绘图法绘制墨线图。这是一种用特制的带有蘸水器的绘图笔(或钢笔),蘸取绘图黑墨水,在透明硫酸纸上画图的方法,实质就是将铅笔图用墨线描绘,增加线条的反差度,以利于印刷清楚。画墨线图的要求与铅笔图基本相同,但对于画线条和打点的要求更高。绘图过程中出现个别线条画错,可以先用双面刀片轻轻将其刮净,再用橡皮将绘图纸擦至表面光滑或用指甲将其磨光后重画。

画墨线图的基本步骤。

(1)按照徒手绘图的步骤,用铅笔在白纸上绘好草图。

（2）将草图放在玻璃板（或下有白色灯光的毛玻璃台）上，将硫酸纸覆盖在草图上，用绘图笔（或钢笔）蘸取黑墨水复绘草图。

（3）移开草图，将硫酸纸图直接放在玻璃板上打点，衬托立体感，打点要求细小、均匀，不要重叠。

（4）用绘图笔（或钢笔）进行引线注字，书写图名。

第二节　药用植物形态图的绘制

药用植物的形态图包括植物全株图和器官形态图。绘图前要先挑选完好且有代表性的标本，然后结合植物学的基本理论知识，按照由外到内、由下到上、由中心到边缘的顺序（例如无限花序简图，要求由下向上或由中心向边缘绘制，需要先画花轴，再绘制小花），综合运用工笔白描的统调、渐层、对称、对比、虚实等原则和技艺，用铅笔直接进行绘画。在绘图过程中要根据透视原则，注意前大后小、近明远暗，透视方向一致，各条透视线最终消失于同一点等要点，把握好画面整体布局中各部分的比例、倍数，充分体现出所绘对象的科学性、真实性和生动性。

一、形态图的绘制方法

药用植物形态图的绘图方法主要有以下 4 种。

1. 勾绘轮廓法　该方法是利用灯光照射植物标本，将其整体轮廓投射到墙壁预先贴好的白纸上，按光影先描绘出植物形态的框架，然后对照植物标本的特征仔细绘制和修改，完成细部结构。此方法方便、快捷，适用于描绘鲜活的全株标本，但需注意投影不宜过大，以便控制边缘位置的误差。

2. 蒙绘轮廓法　该方法是将植物标本直接平铺在桌面上，固定后将透明纸蒙覆在标本上，先勾绘出轮廓，然后对照标本进行加工修改，直至完成细节部分。此方法的特点是方便和准确，适用于绘制具有大型复叶的标本。

3. 透光绘制法　该方法是将植物标本放置于透图桌（桌面中央为透明玻璃，下方装有灯泡），将厚薄适度的绘图纸蒙覆在标本上，按照下方的灯光照射标本所投在绘图纸上的光影，先描绘出标本的整体轮廓，然后对照标本特征，加工完成各部分。此方法能充分反映出植物标本的质地、厚薄等特征，适用于已经压干还未上台纸的标本。

4. 按比例绘制法　该方法是在熟悉标本整体形态和每个部分的特征后，用卡尺或比例尺分别量取各部分的长和宽，一一对应地标记在纸上，据此画出轮廓，然后填绘完成各部分的细微特征。

上述方法在实际绘图过程中，需要结合植物标本的具体情况综合、灵活运用。

二、形态图绘制的注意事项

药用植物形态图中涉及的器官类型众多，在绘制植物全株图（植物分类插图）时，应注意将各种器官合理地安排在一幅图中，通常以完整的植株或枝条作为主体绘制，留下部分空间绘制花、果实或种子等重要器官，以利于鉴别。有些叶的特征，如蕨类植物叶的孢子囊群，也需绘出部分放大图。

植物形态图中不同的器官需分别从不同方面进行绘制，方法各有不同。

1. 根的绘制　药用植物的根可以分为多种类型，具有不同的外部形态，不同的结构画法不尽相同。如为直根系应突出直根，适当绘制须根；须根系则不可出现明显的主根。对于侧根和纤维根上出现的块状、纺锤状、球状等膨大部分，要作为重点放在明显的位置，描绘清楚。根茎外形似茎,且根上存在明显的节和节间,节上有腋芽、发达的顶芽和退化的鳞叶,绘图时应突出节和节间,注重节间长短与茎粗细的比例,节上存在的一些其他的须根可以不画;对于多汁肥厚的圆锥根、圆柱根等贮藏根,宜用流利光滑的线条表现其质地;绘制攀缘根、寄生根等变态根时,要注意绘出被攀附物体或寄主等。

2. 茎的绘制　茎的材质分为草本、木本、肉质和藤本等;形状分为圆形、方形、扁形等;表面特征多,如颜色、毛茸、卷须、叶痕、枝刺、皮孔、节和节间等;还分为长枝和短枝。在绘图时要按照准确的比例,柔软多汁的幼茎和草质茎,要用圆滑流利的线条表现,阴影线少而细滑;表面粗糙,有较多裂纹的木质茎,要用刚硬的线条表现明暗和质地。在绘制茎的表面特征及其分枝情况时,往往用长短不一的平行线或疏密有致的圆点表现。

3. 叶的绘制　完全叶由3部分组成,包括叶片、叶柄和托叶。绘制叶的平面外形图,根据叶的类型、叶序、质地、叶全形大小、叶缘、叶柄、托叶等情况,只要把叶的各部分画出来即可。复叶需要进行特殊绘制,因为一个叶柄上有多个小叶,分为三出复叶、羽状复叶、掌状复叶、单身复叶等多种类型,绘制时要按照叶轴、总叶柄、小叶柄、小叶片的顺序,表示出小叶数目与排列方式。绘制复叶时一定要画出小叶柄,但不需要太长,1~2mm 即可,如不绘制小叶柄,则很容易与单叶全裂混淆。

叶的绘制要准确,需要将透视法和比例法相结合。用较细的线描绘向光一侧的叶缘,用稍粗的线描绘背光一侧的叶缘。主脉要用双线,从叶基开始向叶端逐渐描绘,最后以单线结束;下表面的叶脉要用单线,上表面向光一侧的侧脉用细线,背光一侧的叶脉用粗线分出明暗后,采用渐细的单线画向叶缘;细脉则用极细的线条绘出。叶的质地通常用线条的粗细、圆点的疏密表现;叶表面的毛茸等则用短线条勾勒。

4. 花的绘制　要从外至内,先画出整体外形。对于较薄的花瓣一般不用(或少用)衬影,而花萼以及附属在上面的毛茸、副萼等,则常用衬影表现其虚实明暗。雄蕊应根据花丝与花药的数目、离合、类型、花丝长短、与花瓣的位置等情况绘制;雌蕊应根据子房、花柱和柱头的形状,以及数目和离合情况等绘制。在绘制花的剖面图时,要注意不可缺少花各部尤其是花萼、花冠剥离的痕迹。

花序比较特殊,是小花着生在花轴上排列的方式,包括多种类型。要根据花序的外形和小花的排列方式、开花顺序,从内到外依次绘制花轴、总花梗、小花。对于花轴上小花较大的花序(如轮伞花序),要仔细描绘面朝绘图者、距绘图者较近的小花,而背向、远离绘图者的小花虚描即可。对于花轴上小花较小的花序(如伞形花序),只需画出大概外形而不必绘出每朵小花。其他类型的花序,一般花序轴已开放的,应细画小花;而花序轴未开放的,只要画出小花的轮廓即可。绘制花序时,所有部分都用单线条画出。

5. 果实和种子的绘制　对于浆果、瓠果、梨果等富含汁液的肉质果,绘制时的线条应光滑流畅,尽量少用衬影,果皮上的白粉(如葡萄、苹果)用小点衬影。对于果皮坚硬的坚果,用刚性线条绘其表面;对于翅果,用柔性线条表现其果翅。果皮上的腺点可用大小不一的小点衬影。种子形态图的基本绘制方法和要求与果实类似。

(王迪涵)

第三节　药用植物显微结构图的绘制

在显微镜观察的基础上,绘制出药用植物的细胞、组织和器官内部构造的特征,称为药用植物显微绘图。显微结构图包括组织详图和简图,器官内部构造图又可分为横切面图、纵切面图和表面观图。

一、组织详图

组织详图是根据观察对象的详细形状和特征,以及分布特点绘制的器官、组织、细胞的构造图。包括器官构造图、解离组织图、组织粉末图等,其中器官构造图可根据要求和观察内容绘制全图和局部图。

在绘制详图时,为逼真地描绘出显微镜下所观察到的,除色相特征之外的药用植物显微特征,要采用以下6点规定的表达手段。

(1)只允许用符合要求的线条和点。

(2)线条要粗细均匀、光滑清晰、明暗一致,接头处无分叉,切忌重复描绘,主要用于描摹所绘对象的外形和构造。

(3)在表达所绘对象宏观上的色泽深浅,或因受光照影射而出现的明暗时,可用线条排列的疏密来表达。

(4)点应小而圆,只能用于表达所绘对象的色泽深浅,或因受光照影射而出现的明暗,即用较密集的点表达较深或较暗处,用较稀疏的点表达较浅或较明处。

(5)在表达微观对象的色泽深浅,或因受光照影射而出现的明暗时,只允许用点,不允许用排线。

(6)不允许用完全涂黑的方式表达某个深色物。

显微图的主要绘图方法有以下4种。

(1)徒手绘图法。将绘图纸平铺于显微镜右侧的工作台上,左眼观察显微镜内的物像,选择特征较为典型的部分,右眼注视绘图纸。先用硬铅笔在绘图纸上勾绘出草图,再仔细观察标本内容,进行修改,直至满意,最后用软铅笔描绘成形。该方法简便易操作,不需要特殊的仪器,但要求绘图者在熟练掌握显微镜操作的同时,还应具有一定的绘图经验。

(2)网格绘图法。在显微镜上装入网格式目镜测微尺,使用载台测微尺校正后,按照常规方法对镜下观察到的绘制对象进行测量,根据测量结果在绘图纸上已按一定放大倍数画出的方格中进行描绘。该方法适用于低倍镜下形状较大的物体,所绘的图像较为准确,但需要正确的标化、测量和计算。

(3)显微描绘器绘图法。通过使用显微镜描绘器(常用的如阿贝式描绘器),在同一视野中既能看到显微镜中的物像又能看到绘图纸上的影像,使其相互重合在一起后,用铅笔描绘,即可制出植物的显微构造图。该方法所绘的植物组织构造比较真实准确。

(4)显微摄像绘图法。将拍摄的标本底片(即感光负片),按绘图所需的放大倍率制成相应的相片,将硫酸纸覆盖其上,进行描绘。此法适用于绘制器官构造图。

二、组织简图

组织详图能够逼真地反映药用植物内部显微构造的一些典型特征,但是在只需要反映植物体某些基本结构的相对面积(或体积)以及彼此之间的结合情况时,若按照绘制详图的要求,仍然逼真地绘出这些基本结构,反而会干扰视线,弱化对比,不利于突出表现重点内容。这时需要绘制组织简图。

组织简图不绘出细胞形状,而采用特定的抽象图案或符号表示药用植物各种组织的类型和特征,通过调节这些符号的面积大小和相对位置,表现出植物体基本构造的层次、分布范围,以及相互结合的情况,这种方法绘制的显微构造图称为组织简图。

组织简图常用的图案和符号在国际生物学界有统一的规定,具体如下(图 3-1)。

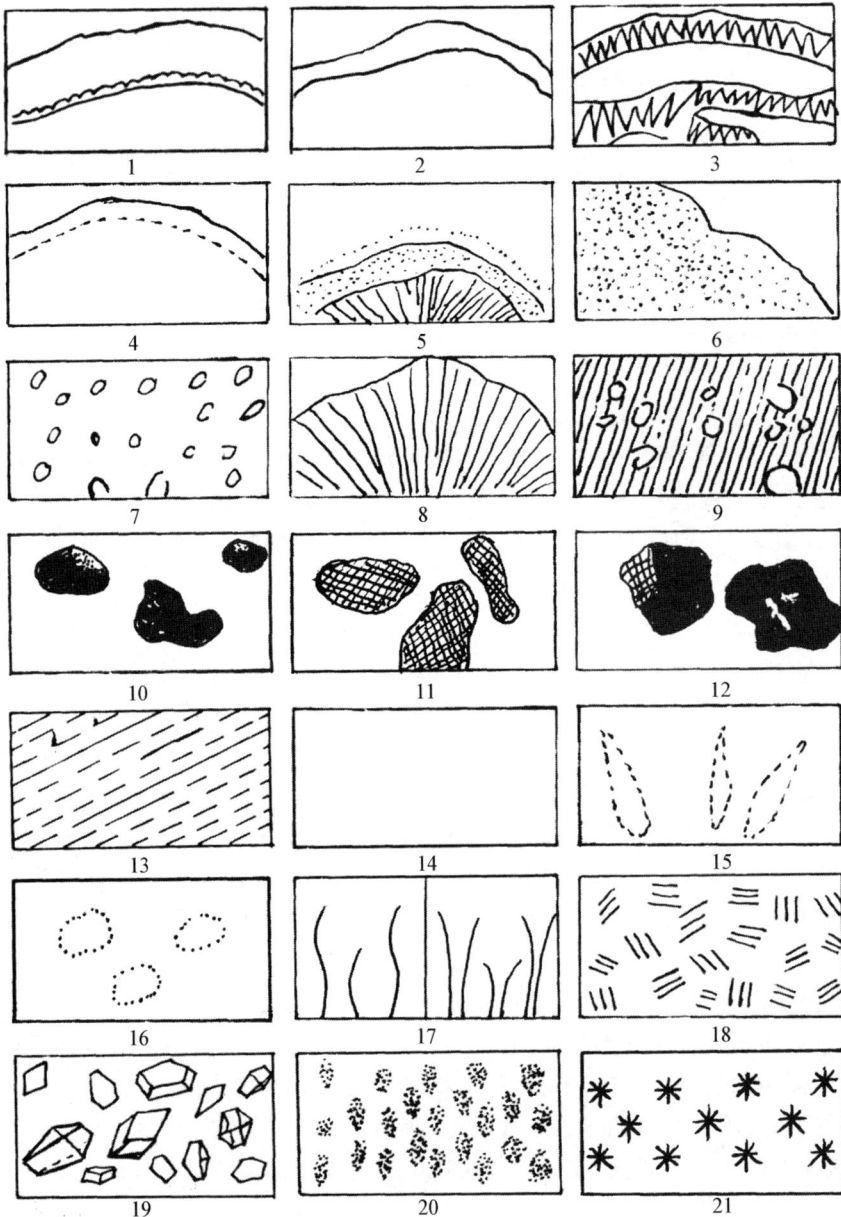

图 3-1 植物组织简图常用图案和符号

1. 表皮(外方的一条弧线);2. 后生表皮(内方的弧线);3. 木栓皮;4. 外皮层(虚线);5. 内皮层(虚线);6. 韧皮层;7. 筛管群;8. 木质部;9. 木质部和导管;10. 石细胞群;11. 纤维束;12. 石细胞群及纤维混合束;13. 厚角组织;14. 薄壁组织;15. 裂隙;16. 分泌腔(或油室);17. 射线;18. 针晶;19. 方晶;20. 砂晶;21. 簇晶

组织简图绘制方法如下。

1. 观察　描绘前,需仔细观察标本片,熟悉切片中各种组织的构造层次,重要鉴别特征的位置,以及各种组织所占比例等。

2. 勾画轮廓图　将组织标本片置于显微镜下观察,调整合适的放大倍数,用硬铅笔在绘图纸上勾绘出草图。

3. 修正铅笔图　按照规定的图案符号绘出各部位的重要特征,准确表示组织中各部位的范围、界限,以及重要特征的所在位置。

4. 图注及图名　将各部位依次向右方引出直线,标上图注,图下注明各部分名称。

三、显微图绘制的注意事项

在实验课上完成的显微绘图,是药用植物学实验报告的重要内容之一,一般均采用徒手绘图法,应按以下要求完成。

(1)根据观察的内容和实验要求,选择典型的、特征明显的部分绘图。所绘的显微图一定要真实反映观察的内容,不宜进行任意的艺术加工,不可涂阴影。

(2)合理布局,实验报告的题目应写在绘图报告纸的上方,图面要力求整洁、大小适宜。遵循上图下标或左图右标的原则,图和图标在报告纸上所占面积和位置恰当。一般说来,图的位置应根据所绘对象的垂直长度与水平长度,在报告纸上同比例放大的矩形框内;图的面积应大于图标的面积,全部图与图标的面积总和,应大于无图处和图标处的面积。

(3)绘制显微图时应先用低倍镜观察并选择标本的最典型部分,先绘出各部分组织分布的轮廓,然后在高倍镜下观察,绘出细胞和组织的详图。在绘图时,绘图纸要放在显微镜右侧的桌面上,左眼贴于接目镜上,右眼与右手配合进行绘图,左手调节焦距或移动标本。

(4)根据显微镜下观察时的视野大小和绘图要求,对所绘对象进行 1 次至多次拆分,每次拆分后均根据观察、比较的结果,依次画出各个部分,直至绘出最小而又必要的细节部分。若所绘对象的范围超出了最低倍物镜的视野,则需在将所绘对象依次移经视野的同时,观察、比较,并在草稿纸上记录各部分轮廓,先得到由若干部分的轮廓凑成的所绘对象的轮廓图,然后将其按比例(放大或缩小)绘于实验报告纸上,最后再按照拆分法绘出最小的细节部分。

(5)绘制显微图中的线条时,不可使用直尺、圆规或曲线板等工具,应徒手绘制,以表现植物的自然形态。绘图时用笔要轻,以便于修改;图像描绘完成后,要将多余的线条擦干净,保持图面整洁。绘制组织简图的线条、点,以及各种细胞组织的表示方法应前后一致。

(6)绘制组织详图时,要选择组织中典型而有代表性的细胞,每个细胞的形状,细胞壁的厚度、层纹、纹孔等应尽可能准确。同一组织中的细胞内含物如淀粉粒等,只在部分细胞中画出即可。

(7)显微图绘制完成后,需要注明其名称和图中有关部分。图题、所用材料的名称、部位和放大倍数应写在图的下方。对图中有关部分或特征的标注应在图的右外方,如右侧空间不足,可将部分名称注在左侧。标注与图中的相应部分之间用标引线连接,标引线应细直、均匀、不交叉,以免误指,引线的起点一定要指在被标注的部位,除了靠近图或伸进图的线段可在必要时呈斜线外,其余线段应保持水平,彼此平行,终点要整齐,引线间距要适当,避免太拥挤影响美观。注字要准确、工整、清晰,大小适中,如标注太多,可在图的右边以阿拉伯数字代注,再在图的下方集中用汉字相应标注。

(8)绘图和文字等所有内容都要求使用黑色铅笔,且图中笔迹的深浅度要保持一致。

(牛　倩)

第四章　药用植物分类鉴定的方法

一、药用植物分类学

植物分类学是一门具有较长研究历史的古老学科。现代植物分类学通过对分类群的描述和命名,区分植物种类,探索植物物种的起源和演化,确定彼此间的亲缘关系,建立植物界的自然分类系统,编写植物志,以便于认识、研究和利用。

药用植物分类学是应用植物分类学的原理和方法,对有药用价值的植物进行鉴定、研究和合理开发利用的科学。

药用植物分类鉴定的方法主要是根据药用植物的根、茎、叶、花、果实、种子等器官的形态特征和解剖上的相似性进行对比比较,按照国际上共同遵循的植物命名法,将自然界的药用植物分门、分纲、分目、分科、分属、分种依次进行检索表检索,直到鉴定出正确的种为止,确定其正确的学名,以保证药用植物物种准确无误。

进行药用植物分类鉴定工作的顺序如下。

1. 植物形态的观察、描述和记录　新鲜的或完整的药用植物标本,首先应对其根、茎、叶、花、果实及种子等器官形态进行仔细观察,尤其注意花、果实或孢子囊、子实体等繁殖器官的特征(特别是对于部分器官成熟时的质地和结构的判断,以明确果实类型及其组成特征)。花粉、子房的胚珠、腺点、毛茸等细微特征可借助放大镜或者双筒解剖镜观察。如果是新鲜植物标本,需要即时绘制花的解剖图并做好详细的观察记录,将具有代表性的典型植株压制成腊叶标本;若标本特征不全,则要找机会深入主产区(若有道地产区则去道地产区),重新采集实物及压制标本,以便进一步鉴别。

2. 进行文献、标本的核对　根据观察记录的药用植物形态特征,首先应结合已掌握的植物分类学知识和经验,或通过逐级查阅分门、分纲和分科检索表,确定至科的分类等级,然后查阅植物分类方面的文献,进行文献核对。分类文献的选择应结合标本的产地,先从省(或地区)的植物志、植物手册、植物检索表等地方性资料开始,在不能得出鉴定结果或无地方性资料时,可使用《中国植物志》《中国高等植物科属检索表》《中国高等植物图鉴》《中国高等植物》《世界有花植物科属检索表》等文献资料中的分科、分属和分种检索表,先检索到科,将要鉴定的药用植物标本与文献中该科的文字描述进行核对,如与描述不符,则需重新检索、核对,直至正确为止。然后,查阅相应科下的分属检索表,找到正确的属;继续查阅相应属下的分种(或种下分类单位)检索表,查到相应的种(或种下分类单位),确定学名,如与文字描述符合,则鉴定正确。

由于受到不同的生长环境、分布区域以及标本采集的季节差异的影响,植物形态变异很大,植物文献上叙述的典型的植物特征,往往会与所需鉴定的标本有一定的差异,因此,在条件允许的情况下,应该到植物标本馆(或标本室)核对已定名的标本,以帮助确定所需鉴定标本的正确学名。当然核对标本的方法也有一定的局限性,标本馆(室)中已定名的标本必须鉴定正确,否则会以讹传讹。

根据文献和标本核对,能正确鉴定出绝大多数药用植物种类。

3. 观察植物生长发育过程 药用植物受到产地、生长环境、标本采集季节及采集时所处的生长期的影响,植物形态有一定的变异,有时甚至即使是同一植株,不仅叶的大小、形状,包括花和果实的大小、毛茸的疏密、颜色的深浅等都可能存在变异。如果单纯依靠研究植物标本,而无丰富的野外工作经验,往往会鉴定困难,甚至会出现错误。例如金粟兰属(Chloranthus)的植物,有些在一年中不同季节形态特征差异很大,尤其是花序的着生部位、花各部的数目均有变化,导致仅研究腊叶标本的分类学家误将同一种植物的不同时期分别命名为了不同种类,后来有学者通过栽培观察,结合本草文献研究和野外调查,对该属药用植物进行了整理,澄清了一些名称和学名,纠正了该属植物分类学上的混乱现象。所以,要经常到野外,或就近利用植物园观察植物在不同生长期的变化,也可以将野外采集的新鲜植物带回栽培,进行动态观察,提高鉴定水平。

4. 进行深入研究 在鉴定药用植物的过程中,有时不能只依靠上述的一般性核对方法。主要原因在于标本馆(室)中的标本定名可能不正确,有些文献资料中的记载可能不完善,种的鉴定也可能错误等。因此,对于少见或有疑难的植物的鉴定,必须进行可靠性核对工作,深入查对原始文献及模式标本。

所谓原始文献,是指第一次发现该分类群的研究者,根据该植物的标本,描述其特征并予以首次命名的文献,原始文献所描述记载的特征是该分类群的真正特征。所谓模式标本,是指原始文献的作者描述该分类群特征时所依据的标本。

通过查阅《邱园植物索引》(*Index Kewensis*)可以了解某植物种由何人、何时发表于何刊物。在原始文献中除了文字记载的特征外,一般均附有图和照片,结合能够找到的模式标本,可以增强植物鉴定结果的可靠性。

由于一般的标本馆(室)不可能有齐全的文献,更缺少模式标本,因此利用原始文献和模式标本的可靠性核对方法存在很大的局限性。研究者往往需要将难以定名的标本送到分类学专家处,请其帮助鉴定。请专家鉴定标本时,应将每一份标本、同号的号签以及该号的野外记录一并送出。由于送出请求鉴定的标本将留在鉴定人处,不再退回,所以必须保存有若干份相同号码的标本,以备送鉴和后续研究。

随着科技的发展,植物分类的方法在不同时期有着极大的不同,根据植物器官的外部形态特征,尤其是花和果实的形态特征进行分类的形态分类学,结合利用光学显微镜研究和比较植物显微结构的辅助手段进行植物分类的方法,虽然较为传统,但仍然是现代植物分类学的基础。在此基础上,发展出许多新的、更加科学先进的方法。如利用电子显微镜研究植物体的细微结构的超微结构分类学;用实验的方法研究物种的起源、发展和演化的实验分类学;利用染色体的实验资料探讨植物分类的细胞分类学;利用植物中所含化学成分的特征,研究和探讨各类群的亲缘关系和植物类群演化规律的化学分类学;将数学、统计学和计算机技术应用于生物学,利用数值的方法确定植物间的相似性,并根据相似值将植物类群划归为更高分类群的数值分类学;利用生物大分子数据,借助统计学方法进行生物体间及基因间进化关系的系统研究的分子分类学等。

二、植物器官形态特征的观察与描述

观察描述植物器官的形态特征是药用植物分类鉴定的基础性工作,也是中药鉴定、生产、资源开发及新药研究工作的基础。

1. 根形态特征的观察与描述

分清直根系和须根系。直根系能见主根粗大发达,主根与侧根的界限非常明显,要区别出主根、侧根和纤维根;一般是双子叶植物及裸子植物。须根系能见主根不发达,从茎的基部节上生长出许多大小、长短相似的不定根,簇生呈胡须状,没有主次之分;一般是单子叶植物和少数如龙胆、徐长卿等双子叶植物。

分清块根、支持根、气生根、寄生根、攀缘根、水生根等根的变态。

如人参直根系,能见到主根,主根肉质,呈圆柱形或纺锤形。麦冬须根系,根较粗,中间或近末端常膨大成椭圆形或纺锤形的小块根;小块根长 1~1.5cm 或更长,宽 5~10mm,淡褐黄色;地下走茎细长,直径 1~2mm,节上具膜质的鞘。

2. 茎形态特征的观察与描述

分清节与节间,茎上着生叶的位置称为节,两节之间的部分称为节间;分清顶芽与腋芽(侧芽),着生在枝条顶端的芽称为顶芽,着生在叶腋处的芽称为腋芽,亦称侧芽;分清叶痕与芽鳞痕,叶脱落后在茎上留下的疤痕称为叶痕,芽发为新枝时,芽鳞脱落后留下的痕迹称为芽鳞痕;皮孔为茎表面的裂缝状小孔,是茎与外界的通气结构。

分清叶状枝、枝刺,枝刺由腋芽发育而成,不易剥落;分清茎卷须、根状茎、块茎、球茎、鳞茎、小块茎和小鳞茎等茎的变态。

如人参的根状茎短,上有茎痕(芦碗)和芽苞,茎单生,直立,高 40~60cm;何首乌的茎缠绕;麦冬的茎很短;黄精的根状茎呈圆柱状,由于结节膨大,因此"节间"一头粗,一头细,在粗的一头有短分枝(《中药志》称这种根状茎所制成的药材为鸡头黄精),直径 1~2cm。

3. 叶形态特征的观察与描述

分清叶序为二叉分枝脉、平行脉还是网状脉;单叶是完全叶(叶片、叶柄、托叶,并注意叶端、叶基、叶缘的形状和脉序的类型)还是不完全叶或复叶;托叶的变态,如针刺状,或托叶很大,呈叶片状(其顶端小叶变成卷须),还是托叶扩展联合成鞘状、包围在基节的基部,称托叶鞘。

如何首乌的叶呈卵形或长卵形,长 3~7cm,宽 2~5cm,顶端渐尖,基部呈心形或近心形,两面粗糙,边缘全缘;叶柄长 1.5~3cm;托叶鞘膜质,偏斜,无毛,长 3~5mm。

4. 花形态特征的观察与描述

分清完全花与不完全花;两侧对称花、辐射对称花与不对称花;单性花、两性花与无性花;单被花、重被花与无被花等。

如毛茛的花,1~3 朵生于花茎上,两性;花被裂片 6 枚,分为 2 列,内列为花瓣状;花托球形,花后伸长;雄蕊 9 枚;心皮多数,分离,有直立的胚珠 1 颗;瘦果侧向压扁,周围有薄翅,顶有宿存的花柱。

又如何首乌的花,花序呈圆锥状,顶生或腋生,长 10~20cm,分枝开展,具细纵棱,沿棱密被小突起;苞片三角状卵形,具小突起,顶端尖,每苞内具 2~4 花;花梗细弱,长 2~3mm,下部具关节,果时延长;花被 5 枚,深裂,白色或淡绿色,花被片呈椭圆形,大小不相等,外面 3 片较大,背部具翅,果时增大,花被果时外形近圆形,直径6~7mm;雄蕊8枚,花丝下部较宽;花柱3枚,极短,柱头头状。

5. 果实与种子形态特征的观察与描述

分清浆果、柑果、核果、瓠果、梨果、蓇葖果、荚果、角果、蒴果、瘦果、颖果、坚果、翅果、胞果、双悬果等单果;聚合蓇葖果、聚合瘦果、聚合核果、聚合坚果、聚合浆果等聚合果;隐头果等聚花果。

如何首乌的果实为瘦果卵形,具3棱,长2.5~3mm,黑褐色,有光泽,包于宿存花被内。

三、花的解剖方法与步骤

花是植物重要的繁殖器官,其形态构造特征较其他器官稳定,变异较小,是植物分类、药材原植物鉴定、花类药材鉴定的重要依据。在观察花的构造特征时,需要进行必要的解剖,以确定花的各个组成部分在花中的排列位置及相互之间的关系。

1. 花的解剖方法   如果是单花,可以直接解剖观察;如果是花序,需要先根据花在花序轴上的排列方式及开放的顺序,判断为何种花序类型,然后取一朵小花进行解剖。

被子植物花的解剖

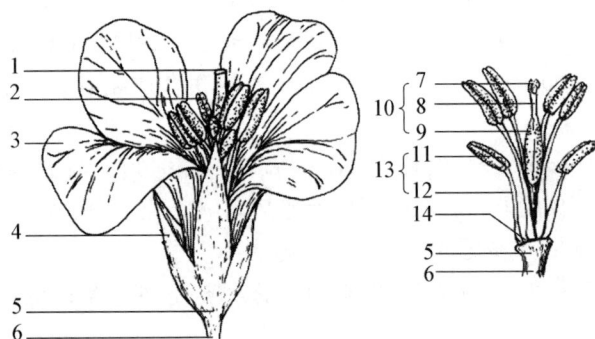

(1)花序类型的确定。分清和判断总状花序、穗状花序、茎荑花序、肉穗花序、伞房花序、伞形花序、头状花序、隐头花序等无限花序;单歧聚伞花序、二歧聚伞花序、多歧聚伞花序、轮伞花序等有限花序。

(2)单生花的解剖。以解剖油菜花为例,取新鲜油菜花或浸渍标本,置于装有少量水的培养皿中,用解剖针和镊子小心地由下向上、由外到内地逐层剥离花的各个组成部分,按顺序将各部分平放于培养皿中,观察花梗长短,花托或花筒的形态,花被的数目、大小、形状、颜色和排列方式,雄蕊的数目及其类型,雌蕊的形状,花柱和柱头的数目,子房的位置等情况。再将子房横切或纵切,在放大镜或解剖镜下观察其胎座类型和胚珠数目(图4-1)。

图 4-1 油菜花的组成

1. 雌蕊;2. 雄蕊;3. 花冠;4. 花萼;5. 花托;6. 花梗;7. 柱头;8. 花柱;
9. 子房;10. 雌蕊;11. 花药;12. 花丝;13. 雄蕊;14. 蜜腺

油菜花的解剖描述为:花两性,辐射对称,总状花序,花萼片4片,卵形,长5~8mm,黄绿色,花冠4瓣,花瓣浅黄色,倒卵形,长10~15mm,呈十字形。

油菜花为完全花;辐射对称花;花梗明显;花托稍微隆起,上有与萼片对生的蜜腺;萼片 4 枚,绿色,分离;花瓣 4 枚,黄色,分离,十字形排列;雄蕊 6 枚,4 长 2 短,为四强雄蕊;子房上位,由 2 枚心皮组成,因形成假隔膜而分为两室,胚珠多数。因此,油菜花的花程式为: $* K_4 C_4 A_{2+4} G_{(2:1:\infty)}$。

2. 花的解剖步骤

(1)先观察花的形态,识别花的各个部分及其功能。

(2)用镊子由外到内依次摘下花萼、花冠、雄蕊群及雌蕊群,记录它们的位置关系。使用镊子时要用大拇指和示指控制镊子的松紧,夹住花被撕部分的基部而不是上部,不要损伤被解剖部分。

(3)将一枚雄蕊放到载玻片上,用双筒解剖镜或放大镜观察花丝和花药,注意花药是否已经开裂。然后在花药上滴一滴清水,盖上盖玻片轻轻挤压,使花粉粒散出,再用双筒解剖镜或放大镜观察花粉粒的形态(由宏观到微观)。

(4)将一枚雌蕊放到载玻片上,用双筒解剖镜或放大镜观察柱头,并注意其表面特征。然后,用解剖刀纵向剖开子房,用双筒解剖镜或放大镜观察胚珠(由宏观到微观)。

(5)将依次摘下的花萼、花冠、雄蕊群、雌蕊群按顺序自上而下粘贴于 A4 纸上,避免损坏,填好表格。

四、药用植物分类鉴定的步骤与程序

(一)药用植物分类鉴定的步骤

(1)准备工作包括实验仪器的准备如解剖镜、放大镜、解剖针、烧杯、培养皿等;实验材料的准备如被鉴定药用植物的标本等;参考资料的准备如《中国植物志》《高等植物图鉴》《科属词典》《地方植物志》等。

(2)获得药用植物分类鉴定特征信息,根据植物茎、根、叶的形态特点,判断其属于草本植物还是木本植物、直根系还是须根系、单叶还是复叶,以及质地和被毛情况等;观察植物的花,单生花可直接观察,花序则需先判断其类型,再仔细观察花的组成,写出正确的花程式;观察果实,主要通过果皮及其附属部分成熟时的质地和结构,判断果实类型及其组成特征,从而全面了解待鉴定的植物标本。

(3)运用检索表,结合前面获得的标本信息,查出该植物隶属的科。

(4)根据文献记载的该科特征,首先核对文献记载与被鉴定植物的特征是否一致,如果符合,则证明被鉴定植物确为该科,再依次进行分属及分种鉴定。

(5)鉴定结束后,与相关文献资料进行核对,查看该植物标本上的形态特征是否与文献上的图、文描述符合。

(6)将完整的学名写到鉴定标签上,贴到台纸的右下角或左下角。

(二)药用植物分类鉴定的程序

药用植物分类鉴定依据国际上共同遵循的植物命名法,对自然界的药用植物分门、分纲、分目、分科、分属、分种依次进行检索表检索,直到鉴定出正确的种为止,确定其正确的学名。药用植物分类鉴定程序大体分为 3 步。

1. 取样　取样是指选取供鉴定药用植物样品的方法,即如何正确采集药用植物标本。取样的代表性直接影响鉴定结果的正确性,因此,必须重视取样的各个环节。取样的具体要求如下。

(1)取样前的准备。取样前,应了解该药用植物的基本情况,查阅药用植物的生物学特性、分布地或产地、生长环境等文献,制定详细的标本采集方案,准备采集器材如下:标本夹、采集箱、枝剪、砍刀、小铲、掘铲、海拔表、野外记录本、野外记录签、标本号牌、吸水草纸、绳子、手电筒、放大镜、数码照相机、铅笔、橡皮、米尺和大小采集袋。

(2)取样的时间和地点。不同药用植物生长发育的时期有差异,因此必须根据具体的药用植物确定外出取样的时间。

(3)植株的选择与采集。必须采集完整的标本,除采集植物的营养器官外,还应具有花或果实,因为花、果实的形态特征是鉴定种的重要依据。

(4)取样标本的份数及编号。一般每种植物标本要求采 3～5 份,统一编号。标本编号原则上同株植物的标本编同一号码,不同植株应编另一号码。号码编写必须按顺序,不可有重号或空号。注意取样记录本上的号码应与标本上所挂号牌的号码一致。

(5)野外观察、记录。野外观察药用植物的要点包括:①植物体的大小、外形;②各部分有无乳汁或浆汁;③叶正反两面的颜色,有无白粉或光泽、毛茸等;④花的颜色,有无香气,有无杂色或斑点,花药与花丝的形状(一般应立即解剖花);⑤果实的形状、颜色,有无腊被、毛茸等。无论药用植物标本压制得如何精细,总与它在生长时的状态有些差别,因此在野外采集时应立即仔细观察标本,特别是采集后不易保存或无法看出的性状,将这些性状详细地记录在野外记录本上。野外采集记录一般在采集标本的同时填写,最迟应在当天晚上整理标本时完成,并应按记录本的各项要求认真填写。

取样的注意事项如下。

(1)尽可能取到药用植物的全株,包括根、茎、叶、花、果实、种子,尤其要注意药用部位的采集。如遇到容易脱落的果实和种子,可以用小纸袋装起,一并保存,统一编号。

(2)选取标本的大小要适度,所采集的对象如果是草本植物,应带地下部分;如果是高大的草本植物,可以将其反复折叠;如果是高大乔木,应选择顶端具花、果的小枝。

(3)取样时不要遗漏,因为近似的植物,在外形上通常很难区别,所以采集时遇到稍有疑问的植物必须要采集。

(4)注意植物的分布,在自然条件如海拔、气候等有变化的地区采集标本时,应该尽可能在一个固定区域内详细地收集标本。

(5)调查药用植物的俗名和用途,注意观察植物本身的性状和其生长环境,以充实植物资源数据。不采集或尽量少采集重点保护和珍稀濒危植物,更好地了解和保护植物资源。

(6)如果采集的材料供实验室研究使用,还应该准备有关的药品及器皿,如变色硅胶。在植物叶片的 DNA 或 RNA 提取时,需要保持叶片干燥,防止其降解;或使用 FAA 固定液,固定解剖学材料。

2. 鉴定　药用植物的分类鉴定利用植物分类学的理论、方法,鉴别药用植物种名,并进行科学命名。对药用植物进行科、属、种的鉴定,主要依据样品所表现的特征及野外采集记录,查阅有关资料,由科至属,从属到种,最后确定该种药用植物的学名。

3. 结果　对鉴定样品作出结论,确定植物学名,填写相关记录,完成检验报告。在台纸的左上角贴上采集记录,右下角贴上鉴定植物的标签,每件腊叶标本都必须附有标签,标签是标本的科学证明。最后可加贴一张薄而韧性强的封面衬纸,以免标本相互摩擦损坏,这样即成为完整的标本。

　　检验报告中的鉴定项目所填写的现象及结果必须真实、完整,原始记录不得随意涂改,以备审核,并将留样的样品放入标本库,贴上标签。

(查孝柱)

下 篇
药用植物学主要实验内容

第五章 植物的细胞

植物细胞基本构造的观察

【实验目的】

(1)掌握植物细胞的基本构造。

(2)初步掌握显微镜的使用方法和注意事项。

(3)学习表皮制片、徒手切片及植物显微绘图的基本技术和方法。

【实验准备】

1. 实验用品　显微镜、载玻片、盖玻片、镊子、解剖针、刀片、培养皿、吸水纸、擦镜纸、纱布块。

2. 实验试剂　碘-碘化钾试液、稀碘液、蒸馏水。

3. 实验材料　洋葱鳞茎、红辣椒、成熟的番茄果实、藓叶片、垂盆草叶、薄荷幼茎、紫鸭跖草叶、胡萝卜根、鸢尾根茎、柿核胚乳永久制片。

【实验内容】

显微镜的构造与使用;徒手切片、表皮制片的方法;观察洋葱鳞叶表皮细胞的结构;观察纹孔和胞间连丝;观察质体;绘制植物细胞构造图。

【实验步骤】

(一)洋葱鳞叶表皮细胞基本构造的观察

1. 制作新鲜表皮标本片　先在干燥洁净的载玻片中央滴 1 滴蒸馏水备用。取洋葱鳞茎的一片肉质鳞叶,用刀片将其切成 4～5mm 见方的小块,用镊子撕取其凹面(内表皮),注意尽量不要附有叶肉组织,然后将洋葱鳞叶内表皮与叶肉相连的一面朝下,置于载玻片的蒸馏水中,使蒸馏水将材料充分浸润。用解剖针将材料尽量展平,避免重合或皱缩,盖上盖玻片即制成临时水装片。

为避免产生气泡,在覆盖盖玻片时,要先将盖玻片的一边与载玻片上浸润材料的水滴边缘接触,再自一侧慢慢放下,尽量将材料压紧展开。若操作不当,产生少量气泡,可以用铅笔或解剖针平整的一端轻击盖玻片数下,以赶出材料中的气泡,或者撤下盖玻片重做。如果发现盖玻片下的水过多或边缘有水溢出,则需使用吸水纸将溢出的水吸去;如果盖玻片下有某些局部空间未充满水,则需使用滴管和吸水纸,补充蒸馏水。

2. 观察细胞的基本构造　将制好的洋葱鳞叶表皮装片置于载物台中央,先进行低倍物镜观察,可见洋葱表皮为一层排列紧密整齐的近长方形细胞,形态相似,无细胞间隙。移动装片,选择几个较清晰的细胞置于视野中央,转换高倍物镜后调整焦距至清晰,观察并识别以下细胞基本构造。

(1)细胞壁。由于表皮细胞是无色透明或半透明的,只有每一个细胞的四壁组成的轮廓,因垂直于视野平面且透光性较差,故能被观察到的是细胞的侧壁,而细胞的上、下壁(正面壁)因平行于视野平面而无法观察到其存在。如果制片选用的洋葱鳞叶较老,则可在细胞侧壁上观察到由于不均匀增厚而出现的连续凹陷区域,即纹孔。

(2)细胞质。为无色透明胶体,表皮细胞是成熟细胞,具有中央大液泡,细胞质被挤成一薄层,紧贴细胞壁而存在,仅在细胞两端较明显;如果是幼嫩细胞,细胞质则较为稠密,被几个小液泡分隔。缩小光圈使视野变暗时,在细胞质中可观察到一些无色发亮的小颗粒,为白色体。

(3)细胞核。由更稠的原生质构成。在成熟细胞中,细胞核位于细胞边缘靠近细胞壁,多为扁球形或半圆形;在幼嫩细胞中,细胞核位于细胞中央的细胞质中,多为圆球形。轻微调节细调焦螺旋,还可在细胞核中看到1个至数个圆球形发亮的小颗粒,即为核仁。一般细胞核都具有核膜、核仁和核质三个部分。若在撕取表皮时,扯破了细胞,核与质均外流,则无法观察到细胞核。

(4)液泡。位于细胞的中央,比细胞质更为透明,其内充满细胞液。显微镜下观察是细胞内颜色相对较浅,不含颗粒状或其他有形物,看上去较为稀淡、干净的部分。

为更好地观察细胞的基本结构,在结束上述观察之后,从载物台取下装片,平放于桌面,从盖玻片的一侧加入1~2滴碘-碘化钾试剂(不要漫过盖玻片表面),使之与盖玻片下的蒸馏水相接,然后在对侧用吸水纸将蒸馏水吸去,使碘-碘化钾试剂进入盖玻片下浸透材料,几分钟后再继续进行观察,此时在已被染色的细胞中,可见细胞质、细胞核、液泡形态更清晰,细胞质被染成浅黄色,细胞核被染成深黄色,而液泡未被染色,其与细胞质之间衬托显现的界面即为液泡膜。

观察洋葱鳞叶表皮装片(永久制片),可见细胞基本构造(彩图1)。

(二)纹孔和胞间连丝的观察

纹孔和胞间连丝是相邻细胞间物质和信息传递的通道。植物体内各种细胞之间(除死细胞外)通过纹孔和胞间连丝彼此连接,相互沟通,使植物体成为一个有机整体。

1. 纹孔 取新鲜红辣椒果皮1小块,内果皮朝上平放在载玻片上,用刀片仔细刮去内面肥厚的果肉至果皮很薄,加碘液染色后制成临时装片进行观察。高倍镜下可见其表皮由不太规则的细胞群构成,在细胞中有淡黄色的细胞质,细胞壁很厚,着深黄色,壁上的小孔为纹孔,孔里有胞间连丝穿过。

2. 胞间连丝 取柿核胚乳细胞永久制片,置低倍镜下观察,可见到无数呈多边形的细胞,其细胞壁(初生壁)明显加厚,细胞腔较小,而细胞内的原生质体往往被染成深色或在制片过程中已丢失,使细胞成为空腔。注意观察,相邻两个细胞加厚的细胞壁上贯穿有许多被染成深棕色的细丝,即胞间连丝(彩图2)。

这种胚乳细胞是具有生活原生质体的"厚壁细胞",实际是一种特殊的贮藏组织,半纤维素(一种多糖)以沉积方式贮藏在细胞壁上。当种子萌发时,半纤维素则酶解为简单的糖类供给胚的生长,因此它应该归属于薄壁组织。

（三）质体的观察

1. **叶绿体** 取新鲜藓类植物的叶片（只有一层细胞）1 枚，或用镊子撕取任何绿色植物叶的薄片（上、下表皮均可，尽量不要带有叶肉），用蒸馏水制成临时装片，在低倍镜下观察，可见一层多边形或近圆形的细胞，细胞内充满了略呈椭圆形的绿色颗粒，即为叶绿体，而细胞质无色透明，细胞核被叶绿体掩盖难以观察到。也可取任何绿色植物的叶片（如垂盆草）、幼嫩茎（如薄荷）制成徒手切片，置镜下观察，可观察到叶肉细胞或靠近茎表皮的细胞中有多数呈扁球形的绿色颗粒，此颗粒即是叶绿体。

2. **有色体（杂色体）** 取胡萝卜根 1 小块，徒手切片法制成临时装片，置镜下观察，可见细胞质内有许多橙黄色或橙红色呈棒状、块状或针状的结构，即为有色体。也可以取 1 小块红辣椒或成熟的番茄果实，用镊子或解剖针挑取果肉少许，置于载玻片上的蒸馏水中搅匀，制作临时装片观察，可见细胞内有许多略呈橙红色的棱形或圆形小颗粒，即为有色体。

3. **白色体** 用镊子撕取 4～5mm 见方的紫鸭跖草叶片下表皮 1 小块；或将叶片背面朝上，向下折叠，背面的下表皮连同叶肉被折断后，沿着尚相连的上表皮轻轻平移，用刀片切下拉断后断口处带有的膜质表皮少许，将其平展于载玻片上，用蒸馏水制成临时装片。镜下观察时先在低倍镜下识别表皮细胞、保卫细胞及副卫细胞，再转换高倍物镜观察副卫细胞，并缩小光圈使视野变暗，可见其细胞核周围的一些无色透明、圆球状颗粒，即为白色体。也可取鸢尾根茎一小块，用徒手切片法制成临时装片，置镜下观察，可见细胞内靠近细胞核附近的许多无色小颗粒，即为白色体（加稀碘液不呈蓝色）。

【实验报告】

绘制洋葱鳞叶的内表皮细胞 2～3 个，并标注细胞各基本构造的名称。

【思考题】

（1）光学显微镜使用的注意事项有哪些？

（2）植物细胞的基本构造是什么？

（3）制作临时装片时，如何减少气泡的产生？

实验二　植物细胞后含物的观察

【实验目的】

（1）能够识别植物细胞中的细胞后含物，包括淀粉粒、晶体、菊糖等。

（2）学习粉末装片及水合氯醛透化制片的方法。

【实验准备】

1. **实验用品** 显微镜、载玻片、盖玻片、镊子、解剖针、刀片、细玻璃棒或牙签、培养皿、吸水纸、擦镜纸、纱布块。

临时水装片的制作（土豆）

2. **实验试剂** 碘-碘化钾试液、稀碘液、水合氯醛试剂、稀甘油、蒸馏水。

3. **实验材料** 紫鸭跖草叶、马铃薯块茎、半夏粉末、大黄粉末、曼陀罗叶粉末、甘草粉末、黄柏粉末。

【实验内容】

粉末装片、水合氯醛装片的方法；淀粉粒的观察；草酸钙结晶的观察。

【实验步骤】

(一)淀粉粒的观察

(1)临时装片。用镊子或刀片在马铃薯块茎切口上刮取少量白色浆液，用蒸馏水装片观察。在低倍镜下可见水溶液与多边形薄壁细胞中有许多卵圆形或椭圆形颗粒，即淀粉粒，有单粒、复粒、半复粒三种。转换为高倍镜，并将光线适当调暗，可见淀粉粒有脐点和围绕脐点清晰的偏心轮纹。

(2)染色。观察后，从载物台上取下装片，在盖玻片一侧滴入 1 小滴碘-碘化钾溶液，同时在另一侧用吸水纸吸取蒸馏水，再置显微镜下观察，淀粉呈蓝紫色。

(3)取少量半夏粉末置于滴加了 1～2 滴稀甘油的载玻片上，用解剖针充分搅匀后，加盖盖玻片制成粉末装片，镜下观察比较马铃薯淀粉粒与半夏淀粉粒的异同。

(二)草酸钙结晶的观察

(1)用细玻璃棒或牙签取大黄根茎或曼陀罗叶粉末少许，置于滴加了 1～2 滴水合氯醛的载玻片上。在酒精灯上文火慢慢加热进行透化，注意不要煮沸或蒸干，可添加新的水合氯醛试剂 2～3 次，并用滤纸吸去已带色的多余试剂，至材料颜色变浅而透明。加稀甘油 1～2 滴并盖上盖玻片，拭净其周围的试剂。置于镜下观察，可见到许多大型、形如星状的草酸钙簇晶(彩图3)。

(2)取黄柏或甘草粉末少许，按上述方法制片，置于镜下观察。在粉末中可见到一些方形、不规则形及斜方形等形状的草酸钙方晶。这些方晶常成行排列于纤维束旁边的薄壁细胞中，这种由一束纤维外侧包围着许多含有草酸钙方晶的薄壁细胞所组成的复合体称为晶鞘纤维(彩图4)。

(3)取半夏粉末少许，按上述方法透化后制片观察，可见分散或成束的草酸钙针晶。偶尔可见类圆形黏液细胞中含有排列整齐的针晶束(彩图5)。也可撕取紫鸭跖草叶表皮制作临时装片，在显微镜下观察，可见表皮细胞内有许多针状草酸钙结晶。

【实验报告】

(1)绘制马铃薯、半夏淀粉粒的形态图，并注明各部分名称。

(2)绘制草酸钙结晶的形态图，并注明不同类型和来源。

（王　乐）

第六章

植物的组织

实验三 　植物保护组织、分泌组织的观察

【实验目的】

(1)掌握保护组织的细胞形态和结构特征。

(2)熟悉分泌组织的细胞形态和结构特征。

(3)熟练掌握撕取表皮制片、徒手切片及组织透化制片的基本技术和方法。

【实验准备】

1. 实验用品　显微镜、载玻片、盖玻片、镊子、解剖针、刀片、培养皿、吸水纸、擦镜纸、纱布块、酒精灯等。

2. 实验试剂　水合氯醛试剂、苏丹Ⅲ试剂、盐酸、间苯三酚试剂、稀碘液、蒸馏水、稀甘油。

3. 实验材料　婆婆纳叶、鲜生姜、橘皮、蒲公英根的纵切永久制片、甘草根的横切永久制片。

【实验内容】

观察婆婆纳叶下表皮的气孔和毛茸;撕取表皮、徒手切片及组织透化制片的方法;观察油细胞;观察油室;观察甘草根的木栓组织。

【实验步骤】

(一)婆婆纳叶下表皮的气孔和毛茸的观察

1. 制作新鲜表皮标本片　取一片婆婆纳叶,用镊子撕取其下表皮(背面)制成临时水装片。

2. 观察气孔和毛茸的基本构造　将制好的婆婆纳叶下表皮装片置于载物台中央,先进行低倍物镜观察,可见婆婆纳叶下表皮为一层排列紧密整齐的近长方形细胞,形态相似,无细胞间隙。移动装片,选择几个较清晰的细胞置于视野中央,转换高倍物镜后调整焦距至清晰,观察并识别以下组织基本构造。

(1)不等式气孔。镜下观察时先在低倍镜下识别表皮细胞、保卫细胞及副卫细胞,再转换高倍物镜观察副卫细胞,并缩小光圈使视野变暗,可见表皮细胞之间有形似嘴巴的小孔,即是气孔;可观察到每个小孔的周围有 2 个肾形的细胞,含叶绿体,即保卫细胞。与保卫细胞紧密相连的表皮细胞为副卫细胞。该气孔轴式多为不等式,即保卫细胞周围有 3 个副卫细胞,大小不等,其中一个明显较小。

(2)腺毛。为电灯泡形,头部由 2 个倒心字形细胞组成,柄部有 1 个长形细胞。

(3)非腺毛。非腺毛较大,顶端尖锐,多由 4～6 个细胞单列构成,稍弯曲,细胞壁较厚。

为更好地观察气孔和毛茸的基本结构,可在结束上述观察之后,从载物台取下装片,平放于桌面,取下盖玻片,滴加1～2滴水合氯醛试剂,稍微加热透化后,滴加1～2滴稀甘油,再盖上盖玻片,几分钟后继续进行观察,此时已被透化的组织中,粉末中的有机颗粒(如淀粉粒、脂肪颗粒等)被溶解,可清晰看见不等式的气孔、电灯泡形的腺毛以及4～6个细胞的非腺毛。

(二)油细胞的观察

取鲜生姜作徒手切片,制成临时水装片,镜下观察时,先在低倍镜下识别油细胞,再转换高倍物镜观察油细胞,并缩小光圈使视野变暗,可见薄壁细胞之间,杂有许多类圆形的油细胞,胞腔内含分散或成群淡绿黄色挥发油滴(彩图6)。

(三)油室的观察

肉眼观察橘皮外表可见圆形或凹陷的小点,即为分泌腔,因腔内贮挥发油,故称为油室。观察橘皮的横切制片,先在低倍镜下识别油室,再转换为高倍物镜观察油室,并缩小光圈使视野变暗,可见果皮中有大小不等的圆形腔室,即油室,腔室周围可观察到部分破裂的分泌细胞(彩图7)。

(四)蒲公英乳汁管的观察(示教)

观察蒲公英根的纵切永久制片,镜下观察时先在低倍镜下识别乳汁管,再转换为高倍物镜观察,缩小光圈使视野变暗,可见皮层的薄壁细胞中有染色较深的长管形有节乳汁管。

(五)甘草根木栓组织的观察(示教)

观察甘草根的横切永久制片,镜下观察时先在低倍镜下识别木栓组织,再转换为高倍物镜观察,并缩小光圈使视野变暗,可见甘草木栓层由多列细胞组成,木栓细胞呈扁平长方形,径向壁对齐,细胞壁砖红色(彩图8)。

【实验报告】
(1)绘制婆婆纳叶的非腺毛、腺毛和气孔图,并注明各部位名称。
(2)绘制鲜姜油细胞、橘皮油室图,并注明各部位名称。

【思考题】
(1)描述蒲公英的乳汁管。
(2)描述甘草根的木栓组织。

(查孝柱)

实验四　植物机械组织、输导组织的观察

【实验目的】
(1)掌握机械组织的细胞形态和结构特征。
(2)熟悉导管的各种类型及结构特征。
(3)了解筛管及伴胞的形态和结构特征。

【实验准备】
1. 实验用品　显微镜、载玻片、盖玻片、镊子、解剖针、刀片、培养皿、吸水纸、擦镜纸、酒精灯。
2. 实验试剂　水合氯醛试液、稀甘油、蒸馏水。

梨肉石细胞的观察

3. 实验材料 芹菜、梨、肉桂粉末、黄柏粉末、麻黄粉末、南瓜茎横切永久制片、南瓜茎纵切永久制片、当归粉末、甘草粉末。

【实验内容】

观察厚角组织、观察各种形态的石细胞、观察各种形态的纤维、观察各种类型的导管、观察筛管和伴胞。

【实验步骤】

(一)机械组织的观察

机械组织是巩固、支持植物体的组织,共同特点是细胞壁局部或全部加厚,根据细胞形态和细胞壁增厚的方式,机械组织又分为厚角组织和厚壁组织两种。

1. 厚角组织 取新鲜芹菜叶柄,徒手制作横切片,用镊子挑取薄片制临时水装片,先置低倍镜下观察,在叶柄棱角处的表皮下方,有数层呈多角形的细胞,即为厚角组织。再转换为高倍镜观察,其细胞壁在角隅处增厚明显,增厚部分颜色较暗。

2. 厚壁组织 厚壁组织具有细胞壁全面增厚的次生壁,并且常常木质化,具层纹和纹孔,成熟后为只有细胞壁的死细胞。根据细胞形态结构的不同,又分为纤维和石细胞。

(1)纤维为两端尖细的长梭形厚壁细胞。

1)取肉桂粉末少许,用水合氯醛透化后,制成临时(甘油)装片,置于显微镜下观察,其纤维大多单个散在,呈长梭形,平直或略呈波状弯曲,壁极厚,纹孔不明显或孔沟极为微细,胞腔线形(彩图 9)。

2)取黄柏粉末少许,用水合氯醛透化后,制成临时(甘油)装片,置于显微镜下观察,纤维呈鲜黄色,常成束,周围薄壁细胞含草酸钙方晶,形成晶纤维。

3)取麻黄粉末少许,用水合氯醛透化后,制成临时(甘油)装片,置于显微镜下观察,纤维细长,壁厚,壁上布满砂晶,形成嵌晶纤维(彩图 10)。

(2)石细胞多为等径或略微伸长的厚壁细胞,有的具规则分枝或呈星芒状。

1)用解剖针挑取梨的果核附近米黄色硬粒 1 粒,用针柄将其轻轻压碎,加蒸馏水一滴,制成水装片,置于显微镜下观察,可见数个圆形或椭圆形细胞壁很厚的石细胞,胞腔很小,纹孔道成辐射状(彩图 11)。

2)取肉桂粉末少许,用水合氯醛透化后,制成临时(甘油)装片,置于显微镜下观察,石细胞类圆形或类长方形,壁厚,有的三面增厚,一面菲薄(彩图 12)。

3)取黄柏粉末少许,用水合氯醛透化后,制成临时(甘油)装片,置于显微镜下观察,石细胞鲜黄色,类圆形或纺锤形,有的呈不规则分枝状,枝端锐尖,壁厚,层纹明显(彩图 13)。

(二)输导组织的观察

输导组织是植物体内运输水分和养料的组织。一类是木质部中的管胞和导管,主要运输水分和无机盐;另一类是韧皮部中的筛胞、筛管及伴胞,主要运输有机物质。

1. 导管 导管在形成过程中,其木质化的次生壁并非均匀增厚,依据纹理不同,可分为环纹导管、螺纹导管、梯纹导管、网纹导管和孔纹导管。

(1)南瓜茎纵切面永久制片观察(示教)。取切片先置于低倍镜下观察,被染成红色,壁上具有花纹的管状细胞即为导管;然后转换成高倍镜,自一侧逐渐向内观察,区分各种类型的导管,一般可见环纹、螺纹、网纹、孔纹(梯纹导管少见)。注意各种导管的排列位置及管径大小的变化。

(2)梯纹导管观察。取当归粉末,用水合氯醛透化后,滴加稀甘油制成临时装片,置于显微镜下观察,梯纹导管和网纹导管多见,仔细观察区分梯纹和网纹导管(彩图14)。

(3)具缘孔纹导管观察。取甘草粉末,用水合氯醛透化后,滴加稀甘油制成临时装片,置显微镜下观察,具缘纹孔导管较大,细胞壁绝大多数增厚,仅留下一些未增厚的小孔,并可见两个同心圆,圆形或椭圆形,称具缘纹孔,稀有网纹导管(彩图15)。

2. 筛管和伴胞(示教)

(1)南瓜茎纵切永久制片观察。取切片置于低倍镜下,先找出被染成红色具花纹的木质部导管,在木质部内外两侧均有被染成绿色的韧皮部,可见筛管由许多管状细胞组成;然后换成高倍镜,两个筛管细胞连接端稍有膨大并染色较深,是筛板所在位置,在筛管侧面紧贴着一列染色较深的具有明显细胞核的梭形薄壁细胞,即为伴胞。

(2)南瓜茎横切永久制片观察。取切片置于低倍镜下,先找出导管(直径很大,中空,壁厚,通常被染成红色),具导管的部分为木质部,木质部内外两侧有壁较薄的组织,为韧皮部;然后换成高倍镜观察筛管和伴胞,多角形口径较大的细胞即为筛管,它旁边贴生着横切面呈三角形或半月形,具细胞核,着色较深的小型细胞,即为伴胞。找到正好切在筛板处的筛管,可以看到其上有许多小孔,这是筛管横壁上的筛孔。

【实验报告】

(1)绘制肉桂、黄柏、麻黄的纤维图。

(2)绘制梨、肉桂、黄柏的石细胞图。

(3)绘制各种导管类型图。

【思考题】

(1)厚角组织和厚壁组织在形态和结构上有何不同?

(2)导管和筛管在形态和结构上有何异同?

(3)导管的类型有哪些,它们之间有何关系?

(罗卫梅)

实验五 植物分生组织、基本组织、维管束的观察

【实验目的】

(1)掌握分生组织在植物体内的存在位置及其显微构造特点。

(2)掌握维管束的组成和常见类型的显微构造特点。

(3)了解植物基本组织的基本特征和常见类型的显微构造特点。

【实验准备】

1. 实验用品　显微镜、载玻片、盖玻片、解剖针、刀片、镊子、培养皿、吸水纸、擦镜纸、酒精灯、烧杯。

2. 实验试剂　碘-碘化钾试液、稀碘液、蒸馏水、间苯三酚、浓盐酸、酒精、苏丹Ⅲ。

3. 实验材料　小麦、洋葱等根尖纵切永久制片,椴树或桑等茎的横切永久制片,南瓜茎横切永久制片,真蕨根茎横切永久制片,石菖蒲茎的横切永久制片,鱼腥草或玉竹等植物根茎、新鲜植物叶片,马铃薯块茎,薄荷幼茎,生姜,蓖麻种子等。

【实验内容】

观察分生组织,观察基本组织,观察维管束,绘制洋葱根尖和薄荷茎横切面结构图。

【实验步骤】

(一)分生组织的观察

1. 顶端分生组织　观察洋葱(小麦)根尖纵切制片,先在低倍镜下找出细胞最小、染色最深,呈圆锥形的根端生长锥,其细胞壁薄,细胞浓,细胞核大,液泡很小而多,细胞排列整齐,没有细胞间隙,即根尖分生组织所在部位。顶端分生组织可大致分成两部分:最顶端为一群最小、最幼嫩的细胞,具有强烈持久的分裂能力,称原分生组织;后一部分的细胞已有初步分化,其最外一层为原表皮,中央柱状部分为原形成层,在其与表皮之间的区域为基本分生组织。在生长锥的前方为帽状的根冠。

2. 侧生分生组织　侧生分生组织细胞多为切线延长,并进行切向分生活动,沿器官的径向增加细胞的层数。因此,侧生分生组织活动的结果可以使植物体的轴状器官不断增粗,这种生长称为增粗生长。

取椴树或桑茎横切永久制片,在低倍镜下可以明显地观察到在茎的最外层有几层略呈扁平、被染成棕红色或红褐色的死亡细胞,细胞壁较厚,排列整齐,无胞间隙,这几层细胞为木栓层细胞,构成木栓层。茎内部的维管组织呈环状排列,其中木质部被染成红色,韧皮部被染成绿色。

(1)维管形成层。在维管组织的木质部和韧皮部之间,可见几层扁平细胞呈环状排列,细胞略呈切向延长,为形成层。转换到高倍镜下观察可清楚地看到,这几层切向延长的扁平细胞排列紧密,细胞壁薄,通常将这几层扁平的细胞称为形成层区,该区域不仅有形成层细胞,还包括了由其刚刚分生出的尚未分化成为木质部和韧皮部的组织。

(2)木栓形成层。在木栓层内有1~3层颜色淡而扁平的细胞,为木栓形成层,木栓形成层及其两侧刚刚分生出的尚未分化成熟的组织,与维管形成层有相似的特征。

(二)基本组织的观察

基本组织是构成植物体的最重要的组成部分,占有最大的体积,因细胞壁很薄,所以又称薄壁组织。薄壁组织中的细胞通常形状不同,有原生质体,液泡较大,常具明显细胞间隙,分布在植物体的各个部分,如根和茎的皮层、髓、髓射线,叶的叶肉组织,果实的果肉,种子的胚乳等。根据细胞结构和生理功能的不同,又常将薄壁组织分为基本薄壁组织、同化薄壁组织、贮藏薄壁组织、吸收薄壁组织和通气薄壁组织等不同类型。

1. 基本薄壁组织　取薄荷幼嫩的茎,徒手切片法制作横切面的临时装片,在显微镜下可以看到许多大小不等的维管束呈环状排列于薄壁组织中,这些薄壁组织构成外部的皮层和中间的髓部,以及维管束之间的髓射线等。这类薄壁组织除了具有贮藏、输导作用外,还具有填充和使组织间彼此联系等功能,并且有转化为分生组织的潜能。

2. 同化薄壁组织　选取较厚的双子叶植物新鲜叶片,制作横切面徒手切片水装片,在显微镜下观察。通常在上表皮之下有许多排列整齐的柱状细胞,在下表皮之上可观察到几层细胞壁薄、具有明显的细胞间隙、近等径的细胞,这些细胞均含有大量球形的叶绿体,这种含有叶绿体的薄壁组织能进行光合作用,制造有机物质,称为同化薄壁组织。

3. 贮藏薄壁组织　取新鲜马铃薯块茎,制作徒手横切装片,在显微镜下观察,可观察到许多较大的薄壁细胞中贮藏着大量淀粉粒,用稀碘液染色,细胞内的淀粉粒被染成蓝黑色。取蓖麻种子,徒手制备种仁横切装片,在显微镜下观察,可见到许多较大的薄壁细胞中贮藏大量的糊粉粒。这些含有淀粉粒、糊粉粒以及脂肪等的组织称为贮藏薄壁组织。

(三)维管束的观察

维管束是一种束状结构,贯穿在植物体的各种器官内,彼此相连形成输导系统,同时对植物器官起支持作用。维管束主要由木质部和韧皮部组成,在被子植物中,木质部主要由导管、管胞、木纤维和木薄壁细胞组成,韧皮部主要由筛管、伴胞、韧皮纤维和韧皮薄壁细胞组成;在蕨类植物和裸子植物中,木质部主要由管胞和木薄壁细胞组成,韧皮部主要由筛胞和韧皮薄壁细胞组成。维管束常见的类型有以下 5 种。

1. **无限外韧维管束** 韧皮部位于外侧,木质部位于内侧,中间有形成层,维管束可逐年增粗,为双子叶植物和裸子植物茎中最为常见的维管束类型。取制备的薄荷茎横切面临时装片,并用间苯三酚和浓盐酸染色,可观察到大小不等的维管束呈环状排列,其中四个棱角处维管束较为明显,木质部被染成红色,其外侧有 2～3 列细胞,扁平且排列紧密,为形成层,再外侧为韧皮部。

2. **有限外韧维管束** 韧皮部位于外侧,木质部位于内侧,中间无形成层,维管束增粗有限,如单子叶植物茎的维管束。取生姜制作其根茎的徒手横切面临时装片,可观察到维管束分散于基本组织中,木质部有导管和木纤维,木质部和韧皮部之间没有形成层。

3. **双韧维管束** 取南瓜茎横切永久制片,观察南瓜茎的横切面,木质部的内外两侧都有韧皮部。

4. **周韧维管束** 取真蕨根茎横切永久制片,观察真蕨根茎的横切面,木质部位于中间,韧皮部围绕在木质部的周围。

5. **周木维管束** 取石菖蒲茎横切永久制片,观察石菖蒲根茎的横切面,韧皮部位于中间,木质部围绕在韧皮部的周围。

【实验报告】

(1)绘出洋葱或小麦根尖顶端分生组织图,并标注各部分构造的名称。

(2)绘出薄荷茎维管束的详图,并标注各部分构造的名称。

【思考题】

1. 组成植物分生组织和基本组织的细胞有哪些相同点和不同点?

2. 植物基本组织有哪些常见的类型?

3. 植物维管束是由哪几部分组成的?

(王化东)

第七章　植物的器官

实验六　根的形态与显微构造的观察

【实验目的】

(1)掌握根的形态特征和变态根的种类,以及根尖的构造。

(2)掌握双子叶植物的初生构造。

(3)掌握双子叶植物根的次生构造。

【实验准备】

1. 实验用品　显微镜、载玻片、盖玻片、镊子、解剖针、刀片、培养皿、吸水纸、擦镜纸。

2. 实验试剂　碘-碘化钾溶液、蒸馏水。

3. 实验材料　洋葱根尖、新鲜飞蓬和葱、何首乌、天门冬、胡萝卜、吊兰、浮萍、毛茛幼根的横切永久制片、甘草根的横切永久制片。

【实验内容】

观察洋葱根尖的构造,观察植物根系,观察根的变态,观察双子叶植物根的初生构造与次生构造。

【实验步骤】

(一)洋葱根尖基本构造的观察

1. 制作新鲜洋葱的根尖标本片　用刀片截取 0.5～1cm 的洋葱根尖,置于装有碘-碘化钾溶液的培养皿内,2～3min 后取出根尖,放在载玻片上,加几滴蒸馏水,盖上盖玻片,镜检。

2. 观察根尖的基本构造

(1)根冠。位于最顶端,包被在最外面,外形如帽子,由不规则的薄壁细胞组成,有保护作用。

(2)分生区。位于根冠内侧,也称为生长锥,细胞形态多样,壁薄,排列紧密,细胞内液泡较小,细胞分裂旺盛,所以细胞核较大。

(3)伸长区。位于分生区上方,细胞基本停止分裂,细胞中液泡大量出现。

(4)成熟区。位于伸长区上方,细胞停止生长且分化成熟,最显著标志是在细胞外表皮会形成众多向外突出的根毛。

(二)植物根系的观察

1. 直根系　取加拿大飞蓬的根,可观察到其主根发达,粗大明显,侧根与其有明显区别。

2. 须根系　观察葱的根系,与双子叶植物根系比较,注意有无主根和侧根的区分。

(三)根的变态的观察

1. 贮藏根

(1)圆锥根。观察胡萝卜的根,可见主根肥大,呈圆锥形。

(2)块根。观察何首乌、天冬等植物的根,可见何首乌的主根、侧根的一部分膨大成块状,天冬的不定根一部分膨大成纺锤形。

2. 气生根　观察吊兰或石斛露在空气中的不定根。

3. 水生根　观察培养皿中的浮萍或紫萍,其水生根如须状漂浮水中。

(四)双子叶植物根的初生构造的观察

取毛茛根横切制片,先用低倍镜分别区分出表皮、皮层、维管柱三大部分;然后分别用高倍镜仔细观察表皮、皮层、维管柱的细胞结构特点。

1. 表皮　位于根的最外一层的薄壁细胞,排列紧密且整齐,无明显的细胞间隙。根的初生构造中,无气孔和角质层。

2. 皮层　在表皮以内维管柱以外部分,被固绿染成绿色,占根的主要部分,由多层排列疏松、有明显细胞间隙的薄壁细胞组成,可以区分为三层。

(1)外皮层。为紧靠表皮下方的1～2层细胞,无细胞间隙。

(2)皮层薄壁组织。位于内外皮层之间,为多层排列疏松的薄壁细胞。

(3)内皮层。为皮层最内一层细胞,排列比较紧密。毛茛根的凯氏点被番红染成红色,且正对木质部束的少数内皮层细胞的细胞壁不增厚,为水和溶液进入维管柱的通道,称为通道细胞。

3. 维管柱　为内皮层以内的全部组织,分为中柱鞘和初生维管束。

(1)中柱鞘。为紧贴内皮层的1～2层薄壁细胞,排列略整齐,其分化程度较低,具有潜在分生能力。

(2)初生维管束。由初生韧皮部、初生本质部和它们之间的少量薄壁组织组成。

1)初生木质部为中柱鞘内被染成红色的部分,为四束(四原型)。发育方式为外始式,先分化的原生木质部导管较小,后分化的后生木质部导管较大,由外向内渐次成熟,外始式发育方式为根的初生构造特征之一。

2)初生韧皮部位于初生木质部之间,被固绿染成绿色,由筛管、伴胞和韧皮薄壁细胞、韧皮纤维组成,发育方式也为外始式。初生韧皮部与初生木质部相间排列呈辐射状,构成辐射维管束,为根的初生构造的另一个重要特征。

3)薄壁组织位于初生木质部和初生韧皮部之间,当根进行次生生长时,它将分化成维管形成层的一部分。

(五)双子叶植物根的次生构造的观察

取甘草根次生构造的横切制片,先用低倍镜逐层观察,再转为高倍镜从外向内仔细观察细胞的特点(彩图16)。

1. 周皮　为整个结构中最外层的数层细胞,由木栓层、木栓形成层和栓内层组成。

(1)木栓层。在最外方,由几层排列整齐的扁平状细胞组成,细胞壁栓质化,常呈浅棕色。

(2)木栓形成层。为木栓层内的一层扁平细胞,在切片中不甚明显且不易分辨。

(3)栓内层。位于木栓形成层内,是多层椭圆形至卵形的薄壁细胞,排列比较疏松。

2. 次生维管组织 周皮以内的全部组织,为形成层活动产生的组织。

(1)次生韧皮部。位于栓内层的内侧,形成层的外侧,被固绿染成绿色。由筛管、伴胞、韧皮薄壁组织、韧皮纤维、韧皮射线构成。

(2)形成层。在次生韧皮部和次生木质部之间,由数列排列整齐且紧密的扁长方形薄壁细胞组成,可以向内外迅速分裂。

(3)次生木质部。在形成层以内,包括导管、管胞、木薄壁细胞和木纤维。次生木质部的横切面上,导管最容易辨认,为一些被番红染成红色的、口径大小不一、类似多边形的死细胞,呈放射状排列。

(4)维管射线。贯穿整个次生木质部和次生韧皮部,由径向排列的1列至多列薄壁细胞组成,在次生韧皮部的叫韧皮射线,在次生木质部的叫木射线。射线细胞也由形成层细胞分裂产生。

【实验报告】

绘制洋葱的根尖结构、毛茛根的初生构造、甘草根的次生构造图,并标注各部分构造的名称。

【思考题】

(1)制作洋葱根尖临时装片时,如何减少气泡的产生?

(2)形成层的出现与活动对初生构造有哪些影响?

(3)植物根的次生构造和初生构造有何区别?

(王迪涵)

实验七 茎的形态与显微构造的观察

【实验目的】

(1)掌握茎的形态和变态类型。

(2)掌握双子叶植物茎的初生构造和次生构造。

(3)熟悉单子叶植物茎的构造。

(4)熟悉双子叶植物、单子叶植物根状茎的构造。

(5)了解双子叶植物茎和根状茎的异常构造。

【实验准备】

1. 实验用品 显微镜、载玻片、盖玻片、解剖针、镊子、剪刀、刀片、擦镜纸、纱布、小毛巾等。

2. 实验材料 ①女贞、玉兰、牡丹的枝条,银杏、梨的长短枝,仙人掌、天门冬、丝瓜、栝楼、葡萄的茎藤,山楂、皂荚或酸橙的茎枝,钩藤带钩的植物或药材标本,姜、黄精或玉竹、白茅、知母、鱼腥草的根状茎,马铃薯、天麻、半夏的块茎,带珠芽的山药标本,带珠芽的卷丹标本,荸荠、西红花的球茎,洋葱、百合、贝母的鳞茎(根据区域特色选择实验材料);②向日葵幼茎的横切永久制片,椴树茎、薄荷茎的横切永久制片,玉米茎的横切永久制片,黄连根状茎、石菖蒲根状茎的横切永久制片,大黄根状茎、海风藤茎的横切永久制片。

【实验内容】

观察枝与芽的外部形态和类型;观察双子叶植物茎的初生构造和次生构造,单子叶植物茎的构造、根茎的构造及其异常构造。绘制茎的内部构造图。

【实验步骤】

(一)茎的形态的观察(示教)

1. 女贞、玉兰、牡丹等植物的枝条

(1)节和节间。茎上着生叶和腋芽的部位称节,节与节之间称节间。

(2)顶芽和腋芽。着生在枝条顶端的芽称顶芽,着生在叶腋处的芽称腋芽。

(3)叶痕和芽鳞痕。叶脱落后留下的疤痕称叶痕;发育成新枝条时,芽鳞脱落留下的痕迹称芽鳞痕。

(4)皮孔。有些茎枝表面具有各种形状的突起或裂缝状的小孔,称为皮孔。不同植物皮孔的形态与分布密度不同,可作为植物种类及皮类药材鉴定的依据之一。

2. 银杏、梨等植物的枝条　观察银杏、梨等具有长短枝植物的枝条,注意区别它们的长枝与短枝。长枝节间较长,短枝节间较短,一般短枝生长在长枝上,能开花结果,所以又称果枝。

(二)茎的变态的观察

1. 地上茎的变态

(1)叶状茎。茎变为绿色扁平状或针叶状,称叶状茎。观察仙人掌、天门冬,茎变态成扁平的叶状,叶退化成针状或鳞片状等。

(2)刺状茎。茎变为刺状,称刺状茎。可观察山楂、皂荚或酸橙等植物的刺。

(3)茎卷须。茎变为卷须状,称茎卷须。观察丝瓜、栝楼、葡萄等植物的茎卷须,并注意其生长的位置。

(4)钩状茎。茎变为钩状,粗短、坚硬不分枝,位于叶腋,称钩状茎。观察钩藤的钩状茎。

(5)小块茎和小鳞茎。均由地上茎的腋芽变态而成。观察山药、半夏(小块茎)和卷丹(小鳞茎)标本。

2. 地下茎的变态

(1)根状茎。常横卧地下,有明显的节和节间,节处有退化鳞片叶,具顶芽和腋芽。观察姜、黄精或玉竹、白茅、知母的根状茎,分辨节和节间,退化的鳞片叶、顶芽、侧芽或茎痕。

(2)块茎。肉质肥大,呈不规则块状,与块根类似,有节和节间,节上有退化的叶和芽。观察马铃薯、天麻块茎,马铃薯的块茎有芽,叶退化,脱落后留下叶痕,其腋部是凹陷的芽眼,每个芽眼内可有1个至多个萌发芽。注意观察天麻的潜伏芽和缩短的节间。

(3)球茎。肉质肥厚,呈球形或扁球形的地下茎,有节和缩短的节间,节上有较大的膜质鳞片,顶芽发达。观察荸荠、西红花的球茎。

(4)鳞茎。球形或扁球形,茎极度缩短呈鳞茎盘,有肥厚的肉质鳞叶,有顶芽和腋芽。观察洋葱头纵剖面,注意其鳞茎盘。观察百合、贝母的鳞茎,注意其肉质肥厚的鳞叶。

(三)双子叶植物茎的初生构造、次生构造的观察

1. 双子叶植物茎的初生构造　取向日葵茎横切永久制片,从外向内可分为表皮、皮层、维管柱三部分。先在低倍镜下区分出表皮、皮层、维管柱,然后转换高倍镜下逐层观察(彩图17)。

(1)表皮。为一层扁平、排列整齐紧密的薄壁细胞组成。细胞横切面一般呈长方形,常角质加厚,有时可见非腺毛等附属物。

(2)皮层。由多层薄壁细胞组成,具细胞间隙。与根的初生构造相比,茎的横切面中,皮层占有较小部分。皮层细胞较大,壁薄,排列疏松,有细胞间隙,近表皮的细胞有叶绿体,内侧为数层薄壁细胞,其中有小型分泌腔。皮层的最内一层细胞无凯氏带的分化,贮藏有许多淀粉,称淀粉鞘。

(3)维管柱。占茎的较大部分,由维管束、髓射线和髓组成。

1)初生维管束是由初生木质部、束中形成层和初生韧皮部组成的束状结构。

初生韧皮部位于维管束外方,由筛管、伴胞、韧皮薄壁细胞和韧皮纤维组成。初生韧皮部的外侧由初生韧皮纤维组成,初生韧皮纤维横切面呈多角形,壁明显加厚;初生韧皮纤维内侧是筛管、伴胞、韧皮薄壁细胞。

束中形成层为2~3列扁平长方形细胞,排列紧密、壁薄。

初生木质部位于维管束内侧,由导管、木薄壁细胞和木纤维组成。分化成熟的方式为由内向外的内始式。原生木质部在内侧,后生木质部在外侧。

2)髓射线是初生维管束之间的薄壁组织,外联皮层,内接髓部。横切面上呈放射状排列,有横向运输和储藏养料的作用。

3)髓位于茎的中央,也是维管柱中心的薄壁细胞,排列疏松。

2. 双子叶植物木质茎的次生构造　取椴树茎的横切永久制片,由外向内观察(彩图18)。

(1)周皮。由木栓层、木栓形成层和栓内层组成,注意观察它们的特点,有无皮孔。

(2)皮层。较窄,由多层细胞组成。皮层外侧为数层厚角组织,内侧为薄壁组织,细胞内常含有大型草酸钙簇晶。

(3)韧皮部。韧皮部细胞与排列成喇叭形的髓射线薄壁细胞相间分布。在切片中,明显可见被染成红色的韧皮纤维,与被染成绿色的韧皮薄壁细胞、筛管和伴胞呈横条状相间排列。初生韧皮部已破坏。

(4)形成层。呈环状,由4~5层排列整齐的扁长细胞组成。

(5)木质部。在形成层内侧,在横切面上占有最大的面积。注意木质部内的年轮特征,注意区别早材(春材)和晚材(秋材)。

(6)髓。位于茎的中央,由薄壁细胞组成,含草酸钙簇晶。

(7)髓射线。由髓部发出,与皮层连接。髓射线经木质部时,为1~2列细胞,至韧皮部时则扩大成喇叭状。

(8)维管射线。在每个维管束内,包括在木质部的木射线和在韧皮部的韧皮射线。

3. 双子叶草质茎的次生构造　取薄荷茎横切永久制片,可见茎呈四方形,由外向内观察。

(1)表皮。由一层长方形表皮细胞组成,外被角质层,有时具非腺毛或腺鳞。

(2)皮层。较窄,由数层排列疏松的薄壁细胞组成。在四个棱角处有较明显的棱脊,向内有十数列厚角细胞,其细胞角隅处加厚明显,切片中被染成绿色。内皮层明显,径向壁上有被染成红色的凯氏点。

(3)维管柱。包括维管束、髓及髓射线。

1)维管束由4个正对棱角的大的维管束和其间较小的维管束环状排列而成。维管束为无限外韧型,束间形成层明显,束中形成层与束间形成层连成环状。次生组织不发达,木质部在四角处发达。

2)髓由大型薄壁细胞组成,发达,中心常有空隙。

3)髓射线由维管束之间的薄壁细胞组成,宽窄不一。

此外,茎各部细胞内有时含有簇状橙皮苷结晶。

(四)单子叶植物茎的构造的观察

取玉米茎的横切永久制片,由外向内观察(彩图19)。

1. **表皮**　位于茎的最外层,为数层排列整齐紧密扁平细胞组成,外壁有较厚的角质层。

2. **基本组织**　靠近表皮的数层细胞较小,排列紧密,胞壁增厚而木质化的厚壁组织,以及其内侧的薄壁组织。

3. **维管束**　分散在基本组织中,靠外侧的维管束小,内侧的渐大,没有皮层和髓部的界限。转换为高倍镜继续观察维管束的结构,可见每个维管束的外围有一圈由纤维组成的维管束鞘,里面只有初生木质部与初生韧皮部,其间没有形成层,是有限外韧性维管束。初生木质部的外侧是初生韧皮部,其中原生韧皮部已被挤压破坏,后生韧皮部明显,通常只有筛管和伴胞。

(五)双子叶植物、单子叶植物根状茎的构造的观察

1. **双子叶植物根状茎的构造**　取黄连(味连)根状茎的横切永久制片,由外向内仔细观察。

(1)木栓层。为数列木栓细胞组成。其外有表皮,常脱落;有的外侧附有鳞叶表皮组织。

(2)皮层。较宽,石细胞单个或成群散在,呈黄色,有的有根迹维管束。

(3)维管束。为无限外韧型,环列,束间形成层不明显。韧皮部外侧有中柱鞘纤维束,或伴有少数石细胞,切片染色呈鲜红色。木质部细胞均木化,木纤维较发达。

(4)髓。位于横切面的中央,均为薄壁细胞。

2. **单子叶植物根状茎的构造**　取石菖蒲根茎横切永久制片,由外向内观察。

(1)表皮。由一层类方形的表皮细胞组成,外壁增厚。

(2)皮层。宽广,散有纤维束及叶迹维管束。叶迹维管束为外韧形,维管束鞘纤维成环,木化;内皮层明显。

(3)维管束。内皮层以内的基本组织中,散有周木型维管束,紧靠内皮层排列较密。维管束鞘纤维较少,纤维束及纤维束鞘纤维周围细胞中含草酸钙方晶,形成晶纤维。

本品的薄壁组织中含有淀粉粒及油细胞。

(六)双子叶植物茎和根状茎的异常构造的观察

(1)观察海风藤茎的横切永久制片,注意除18～33个排列成环的正常维管束外,在茎中央髓部中还有6～13个异常维管束,为外韧性,亦排列成环。

(2)观察大黄根状茎横切永久制片,在低倍镜下可见木质部和宽广的髓部。髓部有异型维管束,称为星点。转换为高倍镜观察异型维管束,其形成层呈环状,内侧为韧皮部,外侧为木质部,射线呈星状射出。

【实验报告】

(1)绘制向日葵幼茎横切面简图,注明各部分。

(2)绘制椴树茎的横切面简图,注明各部分。

(3)绘制薄荷茎的横切面简图,注明各部分。

(4)绘制黄连根状茎横切面简图,注明各部分。

(5)绘制石菖蒲根状茎横切面简图,注明各部分。

【思考题】

(1)比较块茎与块根,根与根状茎,块茎与小块茎,鳞茎与小鳞茎的区别。

(2)双子叶植物茎与根的初生构造有何不同?

(3)双子叶植物木质茎与草质茎的次生构造有何不同?

(4)比较单子叶植物与双子叶植物茎的内部构造的区别点。

（牛　倩）

实验八　叶的形态与显微构造的观察

【实验目的】

(1)掌握植物叶的形态、显微构造。

(2)了解叶的各部分的鉴别特征,叶脉类型,叶序及单、复叶的区别。

【实验准备】

1. 实验用品　显微镜、载玻片、盖玻片、镊子、解剖针、刀片、培养皿、吸水纸、擦镜纸、纱布块。

2. 实验试剂　蒸馏水。

3. 实验材料　桃、樱、棉花、朱瑾、白杨、柳、无花果、梨、豌豆、油菜、大蓟、百合、车前、悬铃木、鹅掌楸、松、芋、荷、葱、慈姑、大豆、七叶树、棕榈、蓖麻、女贞、枸杞、金荞麦、大蒜、竹、玉米、小麦、水稻、夹竹桃、马齿苋、柚、芭蕉、槐及合欢等植物的带叶枝条,事先做几套叶形、叶尖、叶基、叶缘、单复叶、叶脉类型的腊叶标本,可根据各地区或一年四季的变化,选取各种材料,只要满足本实验的观察要求即可。

【实验内容】

观察叶的形态;观察单子叶和双子叶植物叶的内部结构,绘制双子叶植物叶的显微构造图。

【实验步骤】

(一)叶的形态观察

1. 叶的组成　取樱的嫩枝叶,基部为托叶,托叶早落,叶片与枝之间有叶柄相连,是完全叶。取女贞嫩枝叶,基部无托叶,叶片与枝之间有叶柄相连,是不完全叶。

2. 叶脉的类型　取女贞叶片,中间有一条明显的主脉,两侧有错综复杂的网状脉,为羽状网脉。观察悬铃木叶片,发现叶片基部即分出数条侧脉,直达叶片顶端,为掌状网脉。观察竹的叶片,可见中间有一条主脉,两侧有多条与主脉平行的侧脉,侧脉之间又有平行的细脉相连,为平行脉。观察车前等植物叶片,其特点是叶脉呈弧状,为弧形脉。

3. 叶序类型　取柳树枝条,观察叶的着生特点,为螺旋状排列,每个节上只生一片叶,为互生叶。观察薄荷在枝条上的着生情况,每个节上有两片叶,为对生叶。观察夹竹桃的新枝,每个节上有三片叶,为轮生叶。观察准备好的实验材料,说明它们的叶序类型。

4. 单叶和复叶　取菜豆、鸭脚木、刺槐、柚的叶,分别观察三出复叶、掌状复叶、羽状复叶和单身复叶等,找出单叶与复叶的区别要点。

(二)叶的内部结构的观察

1. 双子叶植物叶的内部结构(异面叶) 取女贞等双子叶植物的叶,制作横切切片(徒手切片),置于低倍镜下观察,首先区分出上下表皮、叶肉和叶脉,之后转高倍镜详细观察各部分的结构(彩图20)。

(1)表皮。位于叶片背、腹面的最外层,由一层排列紧密的长方形细胞组成。细胞内无叶绿体,细胞外壁角质化,呈透明的片层状结构(角质层)。观察表皮细胞间的气孔。

(2)叶肉。位于上下表皮之间,由栅栏组织和海绵组织组成。栅栏组织排列紧密,含大量的叶绿体;海绵组织位于栅栏组织的下方,形状不规则,含叶绿体较少,排列疏松,细胞间隙多。

(3)叶脉。是叶中的维管束,由木质部、形成层和韧皮部组成。木质部靠近上表皮,木纤维细胞在上,导管和薄壁细胞在下。韧皮部有筛管、伴胞,纤维细胞在下方。

2. 单子叶植物叶的内部结构(等面叶) 取小麦等单子叶植物的叶,制作横切切片(徒手切片),置于低倍镜下观察。首先区分上下表皮、叶肉和叶脉,之后转高倍镜详细观察各部分的结构(彩图21)。

(1)表皮。上表皮由一层细胞构成,有长短细胞之分,在维管束之间有扇形的运动细胞。表面细胞的外壁硅质化,部分细胞有刺毛和乳头状的硅质突起。下表皮由一层长方形细胞组成,外壁也具硅质突起,气孔分布于上下表皮。

(2)叶肉。无栅栏组织和海绵组织之分,统称为叶肉细胞,内含大量叶绿体。

(3)维管束。平行排列,其上下方往往有厚壁组织。

【实验报告】

1. 绘出完全叶的组成,并标注各组成的名称。

2. 绘出女贞叶的横切面简图,并标注各部分的名称。

【思考题】

1. 植物的叶由哪几部分组成?单叶和复叶有哪些区别?

2. 实验材料中还有哪些叶形?观察实验材料的叶尖、叶基、叶缘,它们各有什么特点?

3. 室外观察银杏、棕榈、芭蕉等植物的叶脉类型。

(陈红波)

实验九 花的形态特征、类型、花序类型的观察

【实验目的】

(1)初步掌握花的组成部分,外部形态特征,以及花的类型。

(2)掌握双筒解剖镜的使用方法和注意事项。

(3)学习并掌握花的解剖程序,以及利用花程式描述花的方法。

(4)掌握被子植物花的花序类型及特点。

(5)初步掌握花的形态特征、类型和花序的常用形态术语,为学习药用植物分类学打好基础。

【实验准备】

1. 实验用品 解剖镜、放大镜、镊子、刀片、解剖针、培养皿。

2. 实验试剂　蒸馏水。

3. 实验材料　花序腊叶标本、花的浸渍标本,或实验前采摘鲜花备用。实验材料可根据各地的植物分布、季节变化、取材的难易选择。

(1)桃花、蜀葵花,南瓜、水稻、大麦、油菜或萝卜的花,小麦、毛茛、蚕豆的花或者葛花、合欢花、槐花,木槿或蜀葵花,金丝桃花,益母草或夏枯草的花,菊花花序,桔梗或党参花,贴梗海棠或梨花,百合或光慈姑花,玉兰或乌头花,桑花序,南瓜或栝楼花,石竹或报春花,缬草、美人蕉、绣球、栝楼的花,桑花,玉兰花,百合花,杜仲花,紫草、紫苏的花等。

(2)浸渍标本或新鲜花序如荠菜、女贞、车前、马鞭草、柳、天南星、半夏、山楂、绣线菊、三加、五加、白芷、胡萝卜、无花果、附地菜、鸢尾、大叶黄杨、益母草、薄荷、泽漆、大戟、菊花、蒲公英、油菜或荠菜、女贞或南天竹、车前草或马鞭草、小麦或玉米、杨树或柳树、半夏或天南星或马蹄莲、山楂或苹果、五加或三七、柴胡或野胡萝卜、向日葵或旋覆花、无花果或薜荔。

【实验内容】

观察油菜花的形态特征;双筒解剖镜的构造与使用;解剖花的方法;观察花的类型;观察花序的类型;绘制花形态图。

【实验步骤】

(一)油菜花形态特征的观察

用解剖针和镊子于装有少量水的培养皿中取一朵新鲜油菜花或浸渍标本,由外向内、由下向上依次观察,可见以下形态特征。

(1)花萼。最外面的黄绿色的小片,排成一轮,各自分离。

(2)花冠。在花萼的内侧,由4片全黄色的花瓣组成,彼此相互分离,并排列成十字形,称十字形花冠。

(3)雄蕊群。一朵花中雄蕊的花丝和花药的连合状况可分为单体雄蕊、二体雄蕊、多体雄蕊、聚药雄蕊,根据花丝的长短不同可分为二强雄蕊、四强雄蕊。

油菜花的花冠内可见到6枚雄蕊,排列成2轮,外轮2枚较短,内轮4枚较长,称四强雄蕊。白色的花丝顶端着生2个黄色囊状花药,内有大量花粉。用双筒解剖镜或放大镜仔细观察4个长雄蕊的基部,可观察到基部之间有4个淡绿色的球状体,为蜜腺,可分泌蜜汁,吸引昆虫传粉。

观察木槿或蜀葵,紫藤或蚕豆,金丝桃、益母草或夏枯草,油菜或荠菜等花以及向日葵的管状花的雄蕊类型。

(4)雌蕊群。雌蕊由心皮构成,由于组成雌蕊的心皮数目不同,心皮形成雌蕊的结合程度不同,常可分为单雌蕊、离生雌蕊和复雌蕊。胎座是子房内胚珠着生的部位,常呈肉质突起。常见的胎座类型有边缘胎座、中轴胎座、侧膜胎座、特立中央胎座、基生胎座、顶生胎座等。

在油菜花的中央部分,顶端半球形的结构,为柱头。基部膨大的部分为子房。连接柱头与子房的细颈状的部分,为花柱。用解剖针和镊子将子房取出,用解剖刀将其横切,用双筒解剖镜或放大镜观察横切面,可观察到一隔膜(假隔膜)将子房分隔成左右两室,称为子房室,每室内有多数绿色的颗粒,即胚珠多数,着生在假隔膜的边缘,上下排列,侧膜胎座。

观察紫藤或蚕豆,南瓜或栝楼,金丝桃,桔梗或贴梗海棠,石竹或报春花,向日葵、玉兰或乌头等花的雌蕊类型。

(二)花的类型的观察

1. 完全花与不完全花的观察

(1)完全花。观察油菜花、桔梗花等。

(2)不完全花。观察向日葵等。

2. 两侧对称花、辐射对称花与不对称花的观察

(1)两侧对称花。观察蚕豆花、葛花、合欢花或槐花等。

(2)辐射对称花。观察油菜花、萝卜花等。

(3)不对称花。观察缬草、美人蕉等。

3. 单性花、两性花与无性花的观察

(1)单性花。观察栝楼花、桑花等。

(2)两性花。观察桃花、牡丹花等。

(3)无性花。观察绣球花等。

4. 单被花、重被花与无被花的观察

(1)单被花。观察玉兰花、百合花等。

(2)重被花。观察栝楼花、桃花等。

(3)无被花。观察杜仲花等。

(三)花序类型的观察

观察实验材料中所列的花序的类型。其中尤其注意以下花序。

1. 无限花序

(1)总状花序。观察荠菜、女贞等的花序。

(2)穗状花序。观察车前、马鞭草等的花序。

(3)葇荑花序。观察杨、柳树等的花序。

(4)肉穗花序。观察天南星、半夏、马蹄莲等天南星科植物的花序。

天南星的佛焰苞为绿色,内卷成筒状,内面有增厚的横膈膜,顶端的附属物呈鼠尾状,伸出佛焰苞外,花单性同序,无花被,雄花生于花序上半部,雌花生于下半部并与佛焰苞合生。天南星的佛焰苞上半部展开,顶端呈细丝状,雌雄异株。马蹄莲的佛焰苞为白色或乳白色,上部呈喇叭状扩展,顶端具稍反卷的骤尖,下部呈短筒状,雌雄同序,雄花在上半部,雌花在下半部。

(5)伞房花序。观察山楂、木瓜、绣线菊等蔷薇科梨亚科植物的花序。

(6)伞形花序。观察三七、人参、五加、白芷、胡萝卜等五加科植物的花序。

(7)头状花序。观察向日葵、菊花、红花、蒲公英等菊科植物的花序。

向日葵的无数花聚集在一个扁平的盘状花序轴上。在花序轴的下部有许多绿色的花片,为总苞。

向日葵均无花梗,在花序轴上生有 2 种不同类型的花,位于花序轴边缘的花为舌状花,花解剖可观察到花的雌雄蕊均不发育,为中性花或不孕花;位于中央的花为管状花,花冠均为黄色,花解剖可观察到花冠较小,五个雄蕊的花药相互联合成筒状,花丝分离,为聚药雄蕊,雌蕊1 枚,柱头 2 浅裂,子房下位,由 2 片心皮组成,1 室,1 胚珠,基生胎座,萼片不发育,呈鳞片状。

(8)隐头花序。观察无花果等桑科榕属植物的花序。

2. 有限花序

(1)单歧聚伞花序。观察紫草、附地菜、鸢尾等的花序。

（2）二歧聚伞花序。观察卫矛、大叶黄杨等的花序。

（3）多歧聚伞花序。观察泽漆、大戟等大戟科植物的花序。

（4）轮伞花序。观察益母草、薄荷、紫苏等唇形科植物的花序。

【实验报告】

（1）绘制油菜花完全花纵剖面形态图，并标注各组成部分的名称。

（2）绘出油菜花的形态图并写出花程式。

（3）列出所观察植物的花的特点（雄蕊类型、雌蕊类型、胎座类型、花程式），花的类型及所属花序等。

【思考题】

（1）如何区别完全花和不完全花，两侧对称花和辐射对称花，单性花和两性花，单被花和重被花等？

（2）如何区别有限花序和无限花序？

（查孝柱）

实验十　果实和种子类型及构造的观察

【实验目的】

（1）熟悉各种类型果实的识别方法。

（2）了解种子的形态结构。

【实验准备】

1. 实验用品　放大镜、刀片、解剖针。

2. 实验材料　桑椹、波萝、无花果、苹果、梨、橘子、柑、李、桃、杏、葡萄、黄瓜、大豆、花生等各种果实，泡胀了的菜豆、玉米种子、蓖麻种子。

【实验内容】

观察果实的构造；观察不同类型的果实；观察种子的构造。

【实验步骤】

(一)果实构造的观察

1. 真果的构造　仅由子房形成的果实称为真果，如桃、杏、李子等。取桃、杏或李子1个，用刀片沿果沟纵切，最外层薄的皮即为外果皮，中间肉质可食部分即为中果皮，最内为坚硬木质的内果皮，即核。打开内果皮则为种子。桃的3层果皮均由子房壁转化而来，种子则由胚珠受精后发育而来。

2. 假果的构造　凡花的其他部分参与形成的果实称为假果，如苹果、梨。取苹果的纵、横切片观察其特点。

(二)果实类型的观察

果实的类型有单果、聚合果和聚花果。

1. 单果　由离生心皮单雄蕊或合生心皮复雄蕊形成的果实。由于果皮的质地不同，又分为肉果和干果。

（1）肉果。生有肉质的果皮。

浆果。由一个或几个心皮形成的果实,中果皮为肉质,内果皮变为充满浆汁的细胞,果皮里水分很多,有 1 个到多数种子,如枸杞、葡萄、番茄。

柑果。由多心皮形成,内果皮生有肉质多汁的毛囊,如橘子、柑。

核果。由单雌蕊发育而成,外果皮很薄,中果皮肉质,内果皮木质化变为坚硬的壳,包在种子外,如桃、杏、李子。

梨果。多为 5 心皮、下位子房形成的假果。外果皮薄,中果皮肉质(外、中果皮由花托形成),内果皮坚韧(由心皮形成),常分隔为 5 室,每室常含 2 粒种子,如苹果、梨。

瓠果。由 3 心皮、下位子房形成的假果,外果皮坚韧,中果皮、内果皮肉质。果实除有花托部分外,其肉质部分由子房壁和胎座形成,如黄瓜、葫芦。

(2)干果。果实成熟后果皮干燥,有的成熟后开裂,有的不开裂,又可分为闭果和裂果。

①裂果。果实成熟后果皮开裂。

荚果。果实 1 心皮、1 子房室,边缘胎座,成熟后通常沿背腹二缝线同时开裂,如豆科植物的荚果。

角果。由 2 心皮形成的 2 子房室的果实,侧膜胎座,是十字花科植物的特征之一。长大于宽几倍的称为长角果,如萝卜、白菜、油菜等;长宽比例相差不大的称为短角果,如独行菜、芥菜。

蓇葖果。由单生单雌蕊发育而成,子房 1 室,成熟后沿一缝线开裂,如芍药、牡丹、木兰等。

蒴果。由合生复雌蕊发育而成,子房 1 室到多室,每室有多数种子,其果实裂开有下列方式。

• 室间开裂。沿腹缝线开裂,也称腹裂,如马兜铃、杜鹃。

• 室背开裂。沿心皮背缝线开裂,也称背裂,如鸢尾、百合。

• 孔裂。每一心皮的顶端裂成一小孔,整个果实顶端出现一圈小孔,如虞美人、罂粟。

• 盖裂。果实开裂时在每一心皮上半部横断,整个果实上半部呈盖状分离,如马齿苋、车前、合子草。

②闭果。果实成熟后果皮不开裂。

瘦果。1 个或几个心皮形成,1 子房室,只含 1 粒种子,果皮革质并与种子分离,只一处相连,如蒲公英、向日葵。

颖果。由 2 心皮,子房上位形成的果实,果皮与种皮愈合,不易分离,如禾本科植物的稻、麦、玉米。

翅果。果皮向外伸成翅状,如榆树、槭槭等。

双悬果。由 2 心皮合生的雌蕊形成,果实成熟后分为 2 个分果,双悬果是伞形科植物特有的果实,如茴香。

坚果。果皮全部形成坚硬的壳,果实中含 1 粒种子,如板栗、榛子。

2. 聚合果　1 朵花有多心皮离生雌蕊,每一雌蕊形成 1 个果实。这些果实聚合在 1 个花托上,组成聚合果,如八角茴香、草莓。

3. 聚花果　整个花序形成 1 个果实,如桑、菠萝、无花果。

(三)种子构造的观察

大多数种子由种皮、胚、胚乳三部分组成。种子的类型可根据胚乳的有无和胚上子叶的数目,分为双子叶无胚乳种子,如菜豆;双子叶有胚乳种子,如蓖麻;单子叶有胚乳种子,如玉米;

单子叶无胚乳种子,如泽泻。松柏类植物的种子都有胚乳,子叶也比较多。

1. 泡胀的菜豆种子

种皮。包围在种子外面的皮。在其凹入的一侧有圆形痕迹即种脐,是珠柄断痕。轻压泡胀了的种子,即有水从近种脐处的小孔中涌出,此孔称为种孔,即是珠孔,胚根将由此孔伸出。种脐另一端的隆起部分称为种脊,是珠柄与珠被的愈合物。

子叶。撕去种皮,露出的两片肥厚豆瓣,即子叶,子叶是营养物质的贮藏器官。

胚轴。子叶着生的部分。

胚根。与胚轴相连而露出子叶边缘的部分,它的尖端正对珠孔。

胚芽。与胚轴相连而夹于子叶中央的部分,由两片幼叶及1个生长锥构成,生长锥夹在幼叶中间,不易看清楚。

子叶、胚轴、胚根、胚芽是胚的四个组成部分。

2. 蓖麻种子

种皮。包在种子外部具花纹的硬皮。它的一端有1个瘤状突起,称为种阜,是珠被顶端膨大而形成的,种孔与种脐均遮于种阜之下,种子的腹面中央有一隆条,即种脊,它与种子几乎等长。

胚乳。剥去种皮,其肥厚部分即是胚乳,是极核受精后的形成物,是营养物质的贮藏处。

子叶。从胚乳侧方正中央切开种子,仔细观察胚乳中的子叶,子叶很薄,有明显的脉纹。

胚轴。子叶着生处。

胚根。与胚轴相连而靠近种子边缘的部分,很短。

胚芽。与胚轴相连而朝向子叶中央的部分,很短。

3. 浸泡的玉米种子(实际是果实)　在其扁平的一方有一部分比较白,白色部分的中央有一纵向的线行隆起,用解剖刀从隆起处将种子纵切为两半,取其一半观察,最外面的坚硬膜质物是种皮与果皮的愈合物。种子内黄色角质与白色粉质部分都是胚乳。胚在种子的另一端,靠近粉质胚乳部分是胚的内子叶。与内子叶中央相连处是胚轴,胚轴外有时能看到1个小的突起物,是极端退化的外子叶。胚轴的上方是胚芽,由数个幼叶包围着1个生长锥构成。罩在胚芽之外的称为胚芽鞘。胚轴的另一端与胚根相连。胚根的外面罩有胚根鞘,可用扩大镜观察。

综合上面的观察可知,种子是由种皮包围着胚形成的,有的种子还有胚乳,这就是种子的构造。无胚乳种子具有肥厚的子叶而没有胚乳,原因是在胚乳发育过程中,胚乳的养料被子叶吸收,子叶显得比较发达,如赤小豆、杏仁、桃仁等。还有少数种子的珠心发育成类似胚乳的组织,包围在胚和胚乳外部,称外胚乳,如槟榔、肉豆蔻等。

【实验报告】

(1)各种果实所属的果实类型。

(2)绘制菜豆外形图和纵剖面,分别注明种脐、种脊、合点、种皮、子叶、胚根、胚轴、胚芽等。

【思考题】

(1)列表说明单果、聚合果、聚花果的主要区别。

(2)龙眼和荔枝为真果还是假果。

(黄永昌)

第八章

植物的分类

实验十一　孢子植物的观察

【实验目的】

(1)通过对代表植物的观察,掌握藻类、菌类、地衣类、苔藓和蕨类植物的主要特征。

(2)熟悉常见药用藻类、菌类、地衣、苔藓和蕨类植物。

(3)通过藻类、菌类显微观察,了解孢子囊、孢子的构造;通过苔藓、蕨类永久切片观察,了解精子器和颈卵器的构造和生活史。

【实验准备】

1. 实验用品　显微镜、放大镜、载玻片、盖玻片、镊子、解剖针、吸水纸等。

2. 实验试剂　5% KOH 水溶液、蒸馏水。

3. 实验材料　水绵永久切片,水绵接合生殖切片,海带孢子囊永久切片,海带、发菜、紫菜、石花菜、裙带菜等藻类植物的新鲜材料或标本;灵芝、冬虫夏草、马勃、茯苓、银耳等菌类植物的新鲜材料或标本;苔藓类植物颈卵器永久切片,苔藓类植物精子器永久切片,苔藓类植物原丝体永久切片,葫芦藓、地钱、大金发藓等苔藓类植物的新鲜材料或标本;蕨类植物原叶体装片,海金沙、石松、卷柏、木贼、金毛狗脊、粗茎鳞毛蕨、槲蕨、石韦等蕨类植物的新鲜材料或标本。常见药用植物的观察也可根据地域及季节的变化,选取适宜的材料。

【实验内容】

观察藻类植物;观察菌类植物;观察苔藓类植物;观察蕨类植物。

【实验步骤】

(一)藻类植物的观察

1. 水绵(图 8-1)

(1)水绵藻体形态观察。取水绵永久切片置于显微镜下观察,水绵为多个长筒状细胞连成的丝状体,绿色或黄绿色,每细胞内有 1 条至数条带状叶绿体,呈螺旋状环绕,叶绿体上有 1 列淀粉核,细胞中央有 1 个细胞核。

(2)水绵有性生殖方式观察。取水绵接合生殖片置于显微镜下观察,水绵的有性生殖为接合生殖,注意观察梯形接合、侧面接合两种方式。

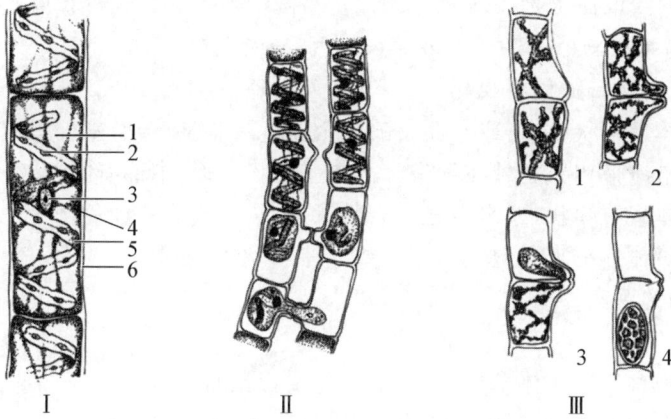

图 8-1　水绵属的细胞构造及接合生殖

Ⅰ. 水绵属的细胞构造:1. 液泡;2. 造粉核;3. 细胞核;4. 原生质;5. 叶绿体;6. 细胞壁

Ⅱ. 水绵属的梯形接合各期

Ⅲ. 水绵属的侧面接合各期

2. **海带**(图 8-2)

(1)海带形态观察。取海带干标本或浸制标本,观察藻体(成熟孢子体),分为 3 部分:呈假根状的固着器、柄和带片。

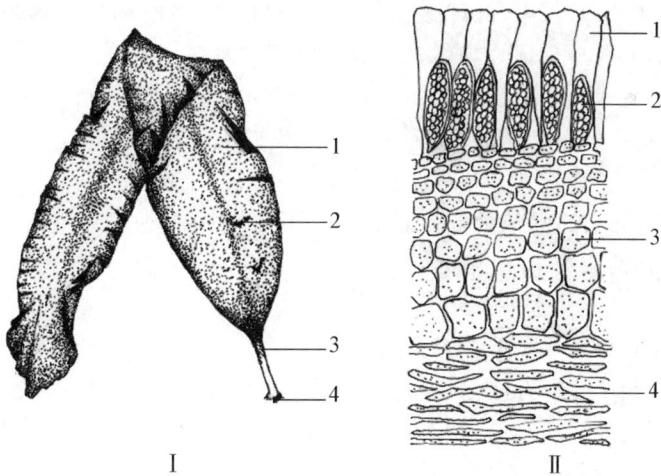

图 8-2　海带

Ⅰ. 海带孢子体:1. 带片;2. 孢子囊;3. 带柄;4. 固着器

Ⅱ. 孢子体横切(示孢子囊):1. 隔丝;2. 孢子;3. 皮层;4. 髓

(2)海带片横切制片显微观察。取海带片永久制片(或徒手切片做水装片)镜检,可见"表皮""皮层""髓"三个部分,"表皮"上有许多呈棒状的单室孢子囊夹生在隔丝中。

(3)海带孢子囊观察(示教)。取成熟海带片,两侧具深褐色的斑块即孢子囊,用解剖针挑取少许孢子囊制片(或取海带孢子囊永久切片),显微镜下可观察到棒状单室孢子囊。

3. 常见藻类药用植物(示教) 取发菜(蓝藻门)、紫菜(红藻门)、石花菜(红藻门)、裙带菜(褐藻门)等植物标本或新鲜材料观察。

(1)发菜。藻体毛发状,平直或弯曲,棕色,全体呈黑蓝色,干后呈棕黑色。

(2)裙带菜。与海带相异之处在于带片两侧呈羽状深裂,中部有隆起的中肋。

(3)紫菜。藻体呈薄膜状,遇水后触摸有黏滑感,紫红或淡紫红色。

(4)石花菜。藻体扁平直立,丛生,紫红或红棕色,羽状分支4~5次,扁平。

(二)菌类植物的观察

1. 灵芝

(1)灵芝形态观察。子实体木栓质,分清菌盖及管孔面、菌柄等。菌柄生于菌盖侧面,菌盖呈半圆形至肾形,上面红褐色或紫褐色,有光泽,具环状横纹及辐射状纹理,下面(管孔面)白色或锈褐色,有许多小孔,内藏担孢子(彩图22)。

(2)灵芝显微观察。用解剖针挑少许灵芝粉末于载玻片上,以5% KOH水溶液装片,置于显微镜下观察,可见菌丝散在或黏结成团,无色或淡棕色,细长,稍弯曲,有分枝;孢子褐色,卵形,顶端平截,外壁无色,内壁有疣状突起。

2. 常见菌类药用植物(示教) 取冬虫夏草、马勃、茯苓、银耳、黑木耳等植物标本或新鲜材料观察。

(1)冬虫夏草。下端即所谓"虫"的部分,是充满菌丝而成僵死的幼虫体(内部实为菌核)。头部长出所谓"草"的部分,是菌柄和子座。头部膨大呈棒状的部分称子座,基部柄状。

(2)马勃。子实体嫩时色白,圆球形如蘑菇,体型较大;老时则呈灰褐色而虚软,外部有略有韧性的表皮,顶部出现小孔,弹之有粉尘飞出,内部如海绵,黄褐色。

(3)茯苓。菌核呈球形或不规则的团块状,大小不等,直径1~2cm。表面呈紫褐色或灰褐色,全体有稍隆起的网状皱纹。质坚实而重,断面粉白色或淡灰黄色,呈颗粒状或粉质(彩图23)。

(4)银耳。子实体纯白色、胶质,半透明,由许多薄而皱褶的菌片组成,呈菊花状或鸡冠状。

(三)苔藓类植物的观察

1. 葫芦藓(图8-3)

(1)配子体形态观察。取新鲜葫芦藓置于放大镜下,用镊子轻轻将植物体分开,仔细观察。植株1~3cm,具茎、叶、假根的分化,茎直立,叶丛生于茎的上部,卵形或蛇形,下部具毛状假根。雌雄同株(但不同枝),雄枝苞叶顶生,宽大,外翻,呈花朵状,苞叶内丛生精子;雌枝生于雄苞下的短侧枝上,苞叶稍狭,包紧成芽状,苞叶内生数个颈卵器。

(2)孢子体形态观察。取葫芦藓的雌枝置放大镜下观察,孢子体寄生在雌配子枝顶端,孢子体分孢蒴、蒴柄、基足三部分。基足埋于茎叶中,不易观察到;蒴柄成熟后细长;孢蒴为蒴柄顶端的囊状物,外罩有具长喙的蒴帽,移去,即为蒴盖,用解剖针剥掉蒴盖,露出蒴口及蒴口周围的蒴齿。

(3)苔藓类植物原丝体永久制片观察。取切片置于显微镜下观察,可见原丝体为有分枝且含有叶绿体的丝状体或叶状体。

(4)苔藓类植物生殖器永久制片观察。取藓的雄性和雌性生殖器官永久制片置显微镜下观察,颈卵器的外形如瓶状,上部细狭称颈部,中间有1条沟称颈沟,下部膨大称腹部,腹部中

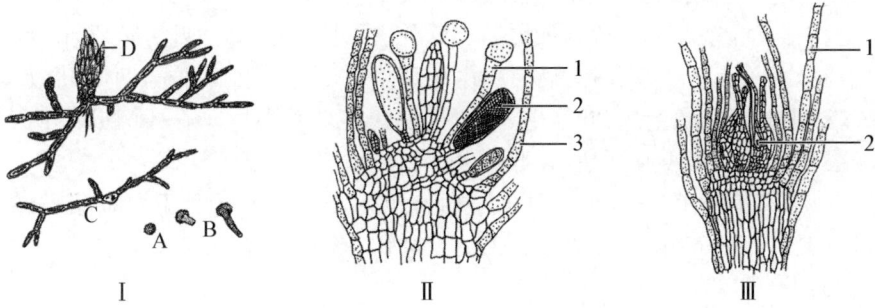

图 8-3 葫芦藓

Ⅰ. 原丝体;A. 孢子;B. 萌发的孢子;C. 原丝体;D. 芽

Ⅱ. 雄配子体纵切:1. 隔丝;2. 精子器;3. 叶状体

Ⅲ. 雌配子体纵切:1. 叶;2. 颈卵器

间有一个大的细胞称卵细胞。精子器呈棒状、卵状或球状,内具有多数的精子。

2. 常见苔藓类药用植物(示教) 取地钱、大金发藓等苔藓植物标本或新鲜材料观察。

(1)地钱。绿色扁平二分叉的叶状体,有背腹之分,背面多菱形网纹,每个网纹中间有一个白点,即气孔,腹面有单细胞的假根及紫色鳞片。

(2)大金发藓(土马骔)。株高 10~30cm,茎直立,单一,下部密生假根,叶丛生于上部,幼时深绿色,老时呈棕红色或黑棕色。孢蒴呈四棱柱状。

(四)蕨类植物的观察

1. 蕨原叶体永久制片观察 取蕨原叶体切片置于显微镜下观察,可见蕨原叶体为一片薄的心形叶状体,顶端凹处为生长点,下端腹面生有假根,雌雄同株,颈卵器着生于配子体向地面的凹口附近,颈部较短,腹部有一个卵;精子器着生在腹面下半部,球形,结构简单,壁为单层细胞,其内产生多数精子,成熟后具鞭毛,游进颈卵器与卵受精后发育成胚,胚其后发育成孢子体。

2. 海金沙

(1)植株。属大型叶类,为多年生攀缘草本。根横走,生有黑褐色节毛;茎细弱;叶二型,为一或二回羽状复叶,不育叶尖呈三角形,能育叶呈卵状三角形,孢子囊生于能育叶的背面,在二回小叶的裂片顶端呈穗状排列。孢子囊盖呈鳞片状,卵形(彩图 24)。

(2)孢子囊形态显微观察。取海金沙孢子囊,制成水装片,置于显微镜下观察,可见孢子囊呈卵形,具多细胞的柄和单层细胞壁,环带侧生,聚集一处。

(3)孢子形态显微观察。取海金沙孢子囊,轻轻挤压,使孢子散出,蒸馏水装片,置于显微镜下观察孢子的形状。孢子为四面体、三角状圆锥形,外壁有颗粒状雕纹。

3. 常见蕨类植物药用植物(示教) 取石松、卷柏、木贼、金毛狗脊、粗茎鳞毛蕨、槲蕨、石韦等蕨类植物标本观察。

(1)石松。常绿,其茎直立,为二歧式分枝,呈叶线状钻形螺旋状排列,叶的基部膨大。孢子囊穗长 2.5~5cm,有柄,通常 2~6 个,生于孢子枝的上部,孢子叶腹面有肾形孢子囊。

(2)卷柏。主茎较长,根系密集呈茎干状,小枝丛生在主茎顶端,干旱时内卷成球状,叶为明显的二型,侧叶二行较大,呈长卵圆形,中叶二行较小,孢子叶集生茎顶形成孢子囊穗(彩图 25)。

(3)木贼。根茎横走,茎不分支或在基部有少数直立侧枝,细长中空,表面有多条纵脊;叶小,轮生,基部联合成鞘状;孢子叶在小枝顶端排成穗状。

(4)金毛狗脊。叶基部有金黄色长柔毛及黄色狭长披针形鳞片;叶片革质,阔卵状三角形,边缘有浅锯齿。孢子囊群生于裂片侧脉顶端,每裂片有2~12枚,囊群盖两瓣,形如蚌壳。

(5)粗茎鳞毛蕨。根状茎短,叶簇生,叶柄与根状茎具大鳞片,叶一回羽状,羽片呈镰状披针形。孢子囊群生于内藏小脉顶端,囊群盖大,圆盾形。

(6)石韦。与有柄石韦近似,但本种的叶柄基部有关节,叶片干后不卷曲,孢子囊在能育叶背部的侧脉间紧密而整齐排列,初为星状毛包被,熟时露出,无囊群盖。

【实验报告】

(1)绘制水绵丝状体结构简图。

(2)将在本实验中观察到的蕨类植物的内容填写至下表。

植物名称	科名	茎形态	叶形态	孢子囊群		
				类型	位置	特征

(3)绘制藓的精子器、颈卵器纵剖面图,并标注各部分名称。

【思考题】

(1)苔藓植物的生殖器结构有何特点?

(2)什么是菌核和子实体?本实验观察到的各种菌类植物分别以什么部位入药?

(3)苔藓植物、蕨类植物的生活史有何特点?

(罗卫梅)

实验十二　裸子植物的观察

【实验目的】

(1)掌握裸子植物的主要特征。

(2)掌握裸子植物的重点科如松科、柏科、麻黄科植物的主要特征及代表种的特征(根据地域物种分布特点选择实验材料)。

(3)识别常见的药用裸子植物。

【实验准备】

1. 实验用品　显微镜、放大镜或解剖镜、镊子、解剖针、刀片、剪刀。

2. 实验材料　马尾松(或油松、湿地松)带花的枝条及松球果;侧柏(或侧柏属植物)带花的枝条及松球果;草麻黄带雌花序及雄花序的枝条。苏铁、银杏、金钱松、华山松、罗汉松、篦子三尖杉、中麻黄、木贼麻黄、买麻藤、红豆杉等的腊叶标本。

【实验内容】

马尾松、侧柏、草麻黄等花的解剖及植物的识别;银杏、红豆杉等药用裸子植物的识别。马尾松花构造图的绘制。

【实验步骤】

(一)松科植物的观察

观察马尾松、油松或湿地松等松属植物的标本或者新鲜植物。

1. 马尾松的树枝或腊叶标本 马尾松为常绿乔木,叶 2 针成一束,细软,长 12~20cm。雄球花生于新枝基部;雌球花 2 个,生于新枝顶端(彩图 26)。

2. 雄球花(小孢子叶球) 外形呈穗状,中间为主轴,由多数螺旋状排列的雄蕊(小孢子叶)组成。用镊子取一个雄蕊于载玻片上,置于放大镜下,可见一双并列的长形花粉囊(小孢子囊),药隔扩大成鳞片状。用解剖针刺破花粉囊使花粉粒(小孢子)散出,取少量花粉,制成水装片置于显微镜下观察,注意花粉粒的形状,有无气囊。

3. 雌球花(大孢子叶球) 外形呈塔形,由多数螺旋状排列的珠鳞(心皮、大孢子叶)组成,用刀片将雌球花纵切,注意珠鳞的排列情况。剥开一片完整的珠鳞,可见到腹面基部着生 2 枚胚珠,背面基部托生一小片苞鳞,与珠鳞分离。

4. 成熟的马尾松球果 此时的珠鳞已成熟且木质化,近长方形,称种鳞;其顶端加厚成菱形,称鳞盾。横脊微隆起,鳞盾中央是鳞脐,微凹陷,无刺尖;腹面的胚珠发育成种子,注意种子一侧是否具翅。

(二)柏科植物的观察

观察侧柏或侧柏属植物的标本或者新鲜植物。

1. 侧柏的鲜枝条或腊叶标本 小枝扁平,排成一平面,鳞叶对生,叶背中脉有槽,花单性同株(彩图 27)。

2. 雄球花 呈卵圆形,长约 2mm,黄色,摘取雄蕊用放大镜观察,可见有花药 2~6 枚,用镊子刺破花药,取出少许花粉粒制成水装片,于显微镜下观察,注意花粉粒形态,是否有气囊。

3. 雌球花 近球形,蓝绿色,有 4 对交互对生的珠鳞,用镊子取位于中间的珠鳞 1 枚置于放大镜下,可见腹面基部有 1~2 枚胚珠。

4. 成熟球果 呈卵圆形,开裂,注意种鳞的对数,种鳞的背部近顶端是否有反曲的尖头,种子是否有翅。

(三)麻黄科植物的观察

观察草麻黄、中麻黄及木贼麻黄等同属其他麻黄科植物的标本。

1. 草麻黄标本 小灌木,小枝节间具细纵沟槽。叶退化成膜质鳞片状,下部合生,上部 2 裂。花单性异株。

2. 雄球花序 每个雄球花序有苞片 2~5 对,每 1 对苞片中有雄花 1 朵,每枚雄蕊的基部周围有 2 裂的膜质假花被,雄蕊 8 个,花丝大部分合生。

3. 雌球花序 有苞片 4~5 对,注意最上 1 对苞片内各有 1 朵雌花,每朵雌花外有革质的假花被包围,胚珠具 1 层膜质珠被,珠被上端延长成珠孔管,种子成熟时,假花被发育成红色肉质的假种皮,珠被管发育成膜质的种皮,纵切观察假花被和种子。

(四)识别下列常见药用裸子植物标本

1. 油松 与马尾松相异处为,叶 2 针一束,但粗壮坚硬,长 10~15cm。种鳞近长圆状卵形,鳞盾扁菱形。横脊显著,鳞脐显著突起,有刺状尖头。

2. 湿地松　与马尾松相异处为,叶 3 针一束或 2 针一束,坚硬,长 17~30cm,树脂道 2~11 个,多内生。种鳞的鳞盾近矩形,有锐横脊,鳞脐瘤状突起,有刺状尖头。种子有黑色斑纹。

3. 华山松　与马尾松相异处为,幼树树皮平滑,老时方块状开裂。叶 5 针一束,不下垂。球果大,长达 22cm,鳞脐位于鳞盾先端,无尖头。种子无翅。

4. 金钱松　枝有长、短之分。叶在长枝上螺旋状散生,在短枝上簇生,条形,或倒披针形,背面有 1 条气孔带,秋后变为金黄色。雄球花数个,簇生在短枝顶端,雌球花单生直立,球果直立,苞鳞与种鳞熟时一起脱落。根皮或近根树皮药用,叫"土荆皮"(彩图 28)。

5. 苏铁　常绿木本植物,较少分支,营养叶一回羽状深裂,裂片边缘向背面显著反卷。鳞叶小,密被粗糙毡毛。花单性异株;雄球花呈圆柱状,小孢子叶呈狭楔形,背面生多数花药(小孢子囊),大孢子叶呈卵形,密被褐色绒毛,上部边缘羽状分裂,下部长柄两侧生数个胚珠。种子熟后呈红色,核果状。叶、种子药用。

6. 银杏　落叶大乔木,有长、短枝之分,叶扇形,2 裂,在长枝上散生,在短枝上簇生。雌雄异株,雄球花呈黄花序状,雄蕊多数,花药通常 2 枚;雌球花有长梗,在梗端分 2 叉,叉顶珠座上裸生直生胚珠,通常 1 枚发育成种子。种子核果状,外种皮肉质,中种皮骨质,内种皮红色,膜质,胚乳丰富。叶、种子药用(彩图 29)。

7. 篦子三尖杉　小枝有从叶基下延伸出的条槽。叶呈条形,螺旋着生,排成 2 列,紧密,质硬,中部以上向上微弯,先端微急尖,基部截形或微心形,背部具 2 条白色气孔带,种子核果状。树皮、枝、干、叶、根药用。

8. 买麻藤　缠绕木质藤本,阔叶型革质。花雌雄异株;雄球花序一或二回三出分枝;雌球花序单生或簇生,种子核果状,熟时肉质,假种皮黑色或红色。全株药用。

9. 中麻黄　与草麻黄相异处为,基部分枝多,小枝纵棱槽细浅。叶 3 裂与 2 裂并存。种子 3 粒或 2 粒。根、茎药用。

10. 矮麻黄　与草麻黄的相异处为,植株矮小,高 5~22cm,茎不显著,小枝节间有较明显的纵槽纹。花雌雄同株。根、茎药用。

11. 木贼麻黄　小枝节间短而细。叶上部 2 裂,种子 1 粒。根、茎药用。

【实验报告】
(1)绘制马尾松(或油松、湿地松)的大、小孢子叶形态图(注明各部分名称)。
(2)列表记录观察的裸子植物名称、科名、药用部位、中药名称。

【思考题】
(1)裸子植物的主要特征有哪些?为什么这些特征使裸子植物比蕨类植物更适应陆生环境?
(2)比较松科、柏科的不同点。

(王化东)

实验十三　被子植物的观察——离瓣花植物之一

【实验目的】
(1)掌握泽泻科、蓼科、石竹科、毛茛科、木兰科、十字花科植物的主要特征。

（2）熟悉被子植物形态的系统观察方法及描述记录方法，识别实验中所用的药用植物。

（3）掌握被子植物分科检索表的使用方法。

【实验准备】

1. **实验用品** 解剖镜、放大镜、镊子、解剖针、刀片、培养皿、吸水纸、擦镜纸、纱布块等。

2. **实验试剂** 蒸馏水。

3. **实验材料** 以下各种药用植物带有花、果实的新鲜植株或腊叶标本：蓼科的何首乌、虎杖等；石竹科的瞿麦、香石竹等；毛茛科的黄连、乌头、毛茛等；木兰科的玉兰、厚朴等；十字花科的菘蓝、荠菜、白芥、油菜等（可根据各地区或一年四季的变化选取各种材料，只要满足本实验的观察要求即可）。

4. **文献资料** 《中国植物志》《高等植物图鉴》《科属词典》《地方植物志》等。

【实验内容】

观察蓼科、石竹科、毛茛科、木兰科、十字花科代表性药用植物的形态特征并进行描述与记录；识别各科下常见的药用植物标本；利用被子植物分科检索表检索植物标本到科级分类单位，并记录检索路线。

【实验步骤】

（一）植物形态的系统观察与解剖观察

取蓼科、石竹科、毛茛科、木兰科、十字花科的代表性药用植物标本，采用植物学的系统观察方法，逐部位仔细观察各部位的形态特征，并进行描述与记录。

1. **根部位观察** 观察根系，确定其根系类型（直根系、须根系）；观察根的形态，判断是否具有变态根，如贮藏根（圆柱根、圆锥根、圆球根、块根），支持根，气生根，寄生根，攀缘根等。

2. **茎部位观察** 观察茎的形态特征（圆柱形、方形；实心，中空）；茎的类型（木质茎、草质茎、肉质茎）；茎的生长习性（直立、缠绕、攀缘、匍匐、平卧等）；确定是否具有地上茎变态（叶状、刺状、小块茎、小鳞茎等），地下茎变态（根状茎、块茎、球茎、鳞茎）等。

3. **叶部位观察** 观察叶的组成，叶的形态特征（叶的全形、叶缘、叶端、叶基），叶脉及脉序，判断单叶与复叶、叶序，确定是否具有叶的变态（苞片、总苞片、小苞片）等。

4. **花序、花各部位观察** 观察并判断单生花或花序，判断花序的类型（无限花序、有限花序、混合花序）等；观察花的组成（完全花、不完全花），花的类型（整齐花、不整齐花，两性花、单性花、无性花等）。而后自外向内逐一解剖观察花的各部位形态特征，判断雄蕊群、雌蕊群、胎座等的类型；观察并判断花柄，花托，花萼（宿存、早落、萼筒、萼裂片、距的有无等），花冠（单瓣、重瓣、排列方式、花冠筒、花冠裂片等），雄蕊群（花丝、花药、类型等），雌蕊群（类型、子房着生的位置、子房室数、胎座类型、胚珠类型等）。

5. **果实、种子部位观察** 观察果实的外部形态，解剖观察果实的内部特征，判断其类型（单果、聚合果、聚花果等）；观察种子的外部形态，解剖观察其内部特征，判断其类型（有胚乳、无胚乳，注意双子叶种子区别于单子叶种子的本质特征）等。

（二）联系与比较

联系、比较各科药用植物标本的形态特征，总结各科的主要特征，注意观察和联系各科特征之间的关系。

（三）药用植物的识别

1. **何首乌** 多年生草本植物。块根肥厚，黑褐色。茎缠绕，多分枝。叶卵形或长卵形，互生,两面粗糙,全缘。花序圆锥状,顶生或腋生。注意观察膜质托叶鞘、花序、苞片、花梗、花被的形态特点;注意观察雄蕊、雌蕊的形态及数目,果实类型(彩图30)。

2. 香石竹　多年生草本植物,全株无毛。茎丛生,叶对生,线状披针形。花常单生枝端,2朵或3朵,有香气;花梗短于花萼,苞片4～6枚,卵形。注意观察花萼,花冠,雄蕊、雌蕊的形态和数目,子房位置,果实类型。

3. 毛茛　多年生草本植物,须根多数,簇生。叶片圆心形或五角形,中裂片,有3浅裂。聚伞花序顶生,疏散,有多数花;取1朵花观察,注意花萼,花冠,雄蕊、雌蕊的数目,子房位置,果实类型。

4. 玉兰　落叶乔木,冬芽及花梗密被淡灰黄色长绢毛。叶纸质,倒卵形至倒卵状椭圆形,叶柄、叶背被柔毛;注意观察花被片,雄蕊和雌蕊的形态和数目,子房位置及果实类型。

5. 菘蓝　二年生草本植物,植株光滑无毛。主根圆柱形。全株灰绿色。基生叶莲座状,长圆形至宽倒披针形;茎生叶较小,长圆状披针形,基部垂耳圆形,半抱茎。圆锥花序。注意观察花萼,花冠,雄蕊和雌蕊的形态和数目,子房位置,果实类型(彩图31)。

(四)被子植物分科检索表的使用

每科选择1～2种植物,利用被子植物分科检索表检索到科,记录检索路线。

(五)核对

与相关文献资料进行核对,确定该植物标本的形态特征是否与相关文献资料中的图、文描述相符。

【实验报告】

(1)绘制2～3种实验材料的花或果实解剖简图,并标注各组成部分的名称。

(2)写出每科各1种实验材料的检索路线。

【思考题】

(1)生活环境中还能找到哪些与实验材料同科的药用植物?

(2)通过室外观察牡丹与芍药,列表比较二者的主要区别。

(陈红波)

实验十四　被子植物的观察——离瓣花植物之二

【实验目的】

(1)掌握蔷薇科、豆科、芸香科、五加科、伞形科植物的主要特征。

(2)熟悉被子植物形态的系统观察方法及描述记录方法,识别实验中所用的药用植物。

(3)掌握被子植物分科检索表的使用方法。

【实验准备】

1. 实验用品　解剖镜、放大镜、镊子、培养皿、解剖针、刀片。

2. 实验试剂　蒸馏水。

3. 实验材料　以下各种药用植物带有花、果实的新鲜植株或腊叶标本:蔷薇科的木瓜、龙牙草、山楂、地榆等;豆科的合欢、决明、苦参、膜荚黄芪、甘草等;芸香科的橘、黄檗、吴茱萸等;五加科的五加、人参、三七等;伞形科的白芷、柴胡、防风、茴香、白花前胡等(可根据各地区或一年四季的变化选取各种材料,只要满足本实验的观察要求即可)。

4. 文献资料　《中国植物志》《高等植物图鉴》《科属词典》《地方植物志》等。

【实验内容】

观察蔷薇科、豆科、芸香科、五加科、伞形科的代表性药用植物的形态特征,并进行描述与记录;识别各科下常见的药用植物标本;利用被子植物分科检索表检索植物标本到科级分类单位,并记录检索路线。

【实验步骤】

(一)植物形态的系统观察与解剖观察

取蔷薇科、豆科、芸香科、五加科、伞形科的代表性药用植物标本,采用植物学的系统观察方法逐部位仔细观察各部位的形态特征并进行描述与记录。

(二)联系与比较

联系、比较各科植物标本的形态特征,总结出各科的主要特征,注意观察和联系各科特征之间的关系。

(三)药用植物的识别

1. 月季　直立灌木,小枝有短粗的钩状皮刺或无刺。小叶 3～5 枚,叶片宽卵形至卵状长圆形,两面近无毛,上面暗绿色,下面颜色较浅。花几朵集生或单生。取 1 朵花,注意观察花萼,花冠,雄蕊和雌蕊的形态、数目,子房的位置、心皮数、室数、果实类型(彩图 32)。

2. 决明　一年生亚灌木状草本植物。叶互生,叶轴上每对小叶间有棒状的腺体 1 枚,小叶 3 对,倒卵形或倒卵状长圆形。花成对腋生。取 1 朵花观察,注意观察花萼,花冠,雄蕊和雌蕊的形态、数目,子房位置、心皮数目,果实类型。

3. 橘　常绿小乔木或灌木,具枝刺。叶互生,革质,卵状披针形,单身复叶,叶翼不明显。取 1 朵花观察,注意花萼,花冠,雄蕊和雌蕊的数目,子房位置;将子房横切,观察胎座类型,种子的数目,果实类型(彩图 33)。

4. 人参　多年生草本植物。主根圆柱形或纺锤形,上部有环纹,环纹下常有分枝及细根,细根上有小疣状突起(珍珠点),顶端根状茎结节状(芦头),上有茎痕(芦碗),其上常生有不定根(艼)。茎单一,掌状复叶轮生茎端,一年生者具 1 枚三出复叶,二年生者具 1 枚掌状复叶,以后逐年增加 1 枚 5 小叶复叶,最多可达 6 枚复叶,小叶椭圆形,中央的一片较大。叶表面脉上疏生刚毛,背面无毛。注意观察花序类型,伞幅的数目。取 1 朵花,观察花萼,花冠,雄蕊、雌蕊的形态和数目,子房位置,果实类型。

5. 柴胡　多年生草本植物。主根较粗大,棕褐色。茎上部多分枝,稍成"之"字形曲折。基生叶倒披针形或狭椭圆形,茎中部叶倒披针形或披针形,全缘,脉 7～9 条,叶表面鲜绿色,背面淡绿色,常有白霜。注意观察花序类型,伞幅的数目。取 1 朵花,观察花萼,花冠,雄蕊、雌蕊的形态和数目,子房位置,果实类型(彩图 34)。

(四)被子植物分科检索表的使用

每科选择 1～2 种植物,利用被子植物分科检索表检索到科,记录检索路线。

(五)核对

与相关文献资料进行核对,确定该植物标本的形态特征是否与相关文献资料中的图、文描述相符。

【实验报告】

(1)绘制2～3种实验材料的花或果实解剖简图,并标注各组成部分的名称。

(2)写出每科各1种实验材料的检索路线。

【思考题】

(1)生活环境中还能找到哪些与实验材料同科的药用植物?

(2)通过室外观察玫瑰与月季,列表比较二者的主要区别。

(侯晓苹)

实验十五　被子植物的观察——合瓣花植物

【实验目的】

(1)掌握木犀科、夹竹桃科、唇形科、茄科、玄参科、忍冬科、葫芦科、桔梗科、菊科植物的主要特征。

(2)熟悉被子植物形态的系统观察方法及描述记录方法,识别实验中所用的药用植物。

(3)掌握被子植物分科检索表的使用方法。

【实验准备】

1. 实验用品　解剖镜、放大镜、镊子、培养皿、解剖针、刀片。

2. 实验试剂　蒸馏水。

3. 实验材料　以下各种药用植物带有花、果实的新鲜植株或腊叶标本:木犀科的连翘、女贞、迎春花等;夹竹桃科的夹竹桃、长春花、罗布麻等;唇形科的益母草、黄芩、藿香、丹参、薄荷等;茄科的白花曼陀罗、枸杞等;玄参科的玄参、地黄、洋地黄等;忍冬科的忍冬、陆英等;葫芦科的栝楼、绞股蓝、罗汉果、丝瓜等;桔梗科的桔梗、党参、杏叶沙参、半边莲等;菊科的菊花、红花、白术、木香、蒲公英等(可根据各地区或一年四季的变化选取各种材料,只要满足本实验的观察要求即可)。

4. 文献资料　《中国植物志》《高等植物图鉴》《科属词典》《地方植物志》等。

【实验内容】

观察木犀科、夹竹桃科、唇形科、茄科、玄参科、忍冬科、葫芦科、桔梗科、菊科的代表性药用植物的形态特征,并进行描述与记录;识别各科下常见的药用植物标本;利用被子植物分科检索表检索植物标本到科级分类单位,并记录检索路线。

【实验步骤】

(一)植物形态的系统观察与解剖观察

取木犀科、夹竹桃科、唇形科、茄科、玄参科、忍冬科、葫芦科、桔梗科、菊科的代表性药用植物标本,采用植物学的系统观察方法逐部位仔细观察各部位的形态特征并进行描述与记录。

(二)联系与比较

联系、比较各科植物标本的形态特征,总结出各科的主要特征,注意观察和联系各科特征之间的关系。

(三)药用植物的识别

1. 女贞　常绿乔木。单叶对生,革质,卵形或卵状披针形,全缘。花小,密集成顶生圆锥花序。取 1 朵花观察,注意花萼,花冠,雄蕊、雌蕊的数目,子房位置,果实类型(彩图 35)。

2. 罗布麻　半灌木,具乳汁。枝条常对生,光滑无毛,呈红色。叶对生,叶片椭圆状披针形至卵圆状披针形,叶缘有细齿。取 1 朵花,观察花萼,花冠,雄蕊、雌蕊的形态和数目,子房位置,果实类型。注意观察副花冠、花盘。

3. 薄荷　多年生草本植物,有清凉香气。茎 4 棱,叶对生,叶片卵形或长圆形,两面均有腺鳞及柔毛。注意观察花序类型。取 1 朵花,观察花萼,花冠,雄蕊、雌蕊的形态和数目,子房位置,果实类型。

4. 白花曼陀罗　一年生粗壮草本植物。单叶互生,卵形或宽卵形,叶基不对称,全缘或有稀疏锯齿。花单生于枝杈间或叶腋。取 1 朵花,观察花萼,花冠,雄蕊、雌蕊的形态和数目,子房位置,果实类型(彩图 36)。

5. 玄参　多年生高大草本植物。根数条,粗大呈纺锤形,灰黄褐色,干后内部变为黑色。茎方形,下部叶对生,上部叶有时互生;叶片卵形至披针形。顶生和叶生的聚伞花序集成疏散的圆锥花序。取 1 朵花,观察花萼,花冠,雄蕊、雌蕊的形态和数目,子房位置,果实类型。

6. 忍冬　半常绿缠绕灌木。茎多分支,老枝外表棕褐色,幼枝密生柔毛。单叶对生,卵形至长卵形,幼时两面被短毛。花成对腋生,苞片呈叶状,卵形,2 枚,长达 2cm。取 1 朵花,观察花萼,花冠,雄蕊、雌蕊的形态和数目,子房位置,果实类型(彩图 37)。

7. 栝楼　多年生草质藤本植物。块根肥厚,圆柱状。叶具长柄,近心形,掌状,有 3～5 浅裂至中裂,稀深裂或不分裂。雌雄异株,分别取雄花、雌花,观察花萼,花冠,雄蕊、雌蕊的形态和数目,子房位置,果实类型。

8. 桔梗　多年生草本植物,具乳汁。根肉质,长圆锥形。叶轮生至互生,叶片卵形至披针形,背面灰绿色。取 1 朵花,观察花萼,花冠,雄蕊、雌蕊的形态和数目,子房位置,胎座类型,果实类型。

9. 菊花　多年生草本植物。基部木质,全株被白色绒毛。叶片卵形至披针形,叶缘有粗锯齿或羽状深裂。注意观察花序类型。分别取花序外围和中央的 1 朵花,观察花萼,花冠,雄蕊、雌蕊的形态和数目,子房位置,果实类型。

(四)被子植物分科检索表的使用

每科选择 1～2 种植物,利用被子植物分科检索表检索到科,记录检索路线。

(五)核对

与相关文献资料进行核对,确定该植物标本的形态特征是否与相关文献资料中的图、文描述相符。

【实验报告】

(1)绘制 2～3 种实验材料的花或果实解剖简图,并标注各组成部分的名称。

(2)写出每科各 1 种实验材料的检索路线。

【思考题】

(1)生活环境中还能找到哪些与实验材料同科的药用植物?

(2)通过观察与比较向日葵、蒲公英和大蓟,掌握菊科分亚科的主要区别。

(侯晓苹)

实验十六　被子植物的观察——单子叶植物

【实验目的】

(1)掌握禾本科、莎草科、棕榈科、天南星科、百合科、石蒜科、薯蓣科、鸢尾科、姜科、兰科植物的主要特征。

(2)掌握单子叶植物与双子叶植物的区别特征,识别实验中所用的药用植物。

(3)掌握被子植物分科检索表的使用方法。

【实验准备】

1. 实验用品　解剖镜、放大镜、镊子、培养皿、解剖针、刀片。

2. 实验试剂　蒸馏水。

3. 实验材料　小麦、水稻、百合、葱、白及的花;泽泻科、棕榈科、禾本科、姜科、百合科和兰科重要种类的标本(可根据各地区或一年四季的变化选取各种材料,只要满足本实验的观察要求即可)。

4. 文献资料　《中国植物志》《高等植物图鉴》《科属词典》《地方植物志》等。

【实验内容】

主要观察泽泻科、禾本科、姜科、百合科和兰科等单子叶植物,其中以禾本科和百合科为重点。

【实验步骤】

1. 泽泻科植物的观察(选做)

(1)泽泻。注意观察叶片形状,花序类型,花为两性还是单性,花被、雄蕊及心皮的数目,花托是否隆起,果实类型。

(2)慈姑。观察时注意与泽泻比较,找出它们的异同点。

2. 禾本科植物的观察

(1)小麦(代表植物)

取一麦穗观察,注意穗轴的形状,每一节上生有小穗的数目,小穗是否具柄。取一小穗观察,最外2片为颖片,靠下一个是第一颖,较上一个是第二颖,观察两颖片之间包含花的数目;从小穗中下部取1朵花进行观察,外面较大的1片是外稃,外稃的基部有2个白色被毛的鳞被(浆片),注意外稃上脉的数目;内稃较小,膜质透明,注意内稃上脉的数目;外稃和内稃之间有3个雄蕊和1个雌蕊,雌蕊具2条羽毛状花柱。在小穗的最上端取1朵退化花观察,只可见外稃和内稃,以及退化的雄蕊和雌蕊。

观察标本时注意茎上的节和节间,叶片和叶脉的形状,叶鞘、叶舌和叶耳。

(2)其他禾科植物

①高粱。秆实心。圆锥花序,小穗成对着生于穗轴节上,能育小穗无柄,不育小穗具柄,这种一个发育、一个不发育的成对小穗称为异性对。顶端常具2个不育小穗;能育小穗内含2朵花,1朵花能育,1朵花不育,不育花在能育花的下方,颖片2枚,硬革质。能育花的外稃顶端2裂,常具芒,芒的基部扭转;内稃通常退化成小而薄的鳞片,退化花通常只剩1个外稃。

观察高粱小穗的构造时,首先要找到具芒的外稃,然后依次分辨其他各部分构造。

②玉蜀黍。玉蜀黍为雌雄同株,单性花;雄花序呈顶生的圆锥花序,雄小穗成对,1个具柄,1个无柄,均为雄性,且都能发育,故称为同性对;每个小穗具2朵花,外包一对颖片,每朵雄花包括有透明的外稃和内稃,3个雄蕊,2个浆片,以及1个退化的雌蕊。雌花序腋生,肉穗花序;雌小穗成对排列,均无柄,每个雌小穗具2朵花,其中有1朵花退化,每个雌小穗包括2个颖片,退化花的内、外稃,发育花的内、外稃,以及一个能育雌蕊;能育雌蕊由2个心皮组成,基部具有一个膨大的子房,子房的顶端伸出细长的花柱,柱头顶端2裂。

3. 姜科植物的观察

姜的根状茎肉质,呈块状分枝;花序穗状,苞片绿色或淡红色,每苞内生1个至数个花,花萼3裂,花冠3裂,侧生退化雄蕊多与唇瓣联合,子房下位,蒴果。

4. 百合科植物的观察

(1)山丹。取一朵花观察,花被片6枚,花被片基部具蜜槽;雄蕊6枚,花药丁字形着生;子房上位,柱头顶端3裂,横切子房,可观察室的数目、胎座的类型,以及每室胚珠的数目。观察标本,注意地下的鳞茎,叶线状披针形,平行脉,蒴果。

(2)葱。观察花序的外形;然后取花进行观察,注意两轮花被,雄蕊的数目,雌蕊心皮数目,子房的位置,子房室的数目,每室胚珠的数目,胎座的类型。观察标本,注意假茎及管状叶,蒴果。

(3)玉簪。叶基生,具长柄,弧形脉;花白色,花被漏斗状,上部具6裂,雄蕊6枚,子房上位;蒴果。

(4)百合。取1朵花观察,花被片6枚,内外2轮,每轮3片,离生雄蕊6枚,分为2轮,每轮3枚。横切子房,可观察室的数目、胎座的类型,以及每室胚珠的数目。观察标本,注意地下的鳞茎,叶线状披针形,平行脉,蒴果(彩图38)。

5. 兰科植物的观察

(1)白及。注意营养体的特征和花序。取1朵花观察,注意花被片的数目和排列方式,各花被是否相同,有无特殊的花被。雄蕊和雌蕊的花柱、柱头结合为合蕊柱,注意可育雄蕊的数目与着生部位。花粉黏合成花粉块,柱头分成上唇和下唇,上唇不授粉,下唇2裂,能授粉;子房下位,扭转180°。横剖子房,注意3心皮,1室,胚珠多数,侧膜胎座。蒴果(彩图39)。

(2)天麻。腐生草本植物。根茎横生,肥厚。茎直立,节上具鞘状鳞片。总状花序顶生,花黄橙色,萼片与花被合生成斜歪筒,顶端5裂。蒴果(彩图40)。

(3)建兰。叶带形,花葶常短于叶,花淡黄绿色且具紫红色条纹或斑点。

【实验报告】

(1)绘制小麦的1朵两性花的解剖图,注明外稃、内稃、浆片、雄蕊和雌蕊。

(2)绘制百合花的解剖图,注明花各部的名称。

【思考题】

(1)泽泻科植物的主要特征是什么?表现了哪些原始性?与双子叶植物有哪些联系?

(2)禾本科植物的主要特征是什么?以小麦为例说明禾本科小穗的基本结构。

(3)百合科植物的主要特征是什么?

(4)兰科植物的主要特征是什么?兰科植物的进步性表现在哪些方面?

(黄永昌)

附　录

附录一　被子植物门分科检索表

1. 子叶 2 个,极稀可为 1 个或较多;茎具中央髓部;在多年生的木本植物中有年轮;叶片常有网状脉;花常为 5 出或 4 出数。(次 1 项见 122 页) ………………… 双子叶植物纲 Dicotyledoneae

  2. 花无真正的花冠(花被片逐渐变化,呈覆瓦状排列成 2～4 层的,也可在此检索);有或无花萼,有时且可类似花冠。(次 2 项见 90 页)

    3. 花单性,雌雄同株或异株,其中雄花,或雌花和雄花均可成葇荑花序或类似葇荑状的花序。(次 3 项见 77 页)

      4. 无花萼,或在雄花中存在。

        5. 雌花以花梗着生于椭圆形膜质苞片的中脉上,心皮 1 ……… 漆树科 Anacardiaceae ……………………………………………………………………………………… (九子母属 *Dobinea*)

        5. 雌花情形非如上述;心皮 2 或更多数。

          6. 多为木质藤本;叶为全缘单叶,具掌状脉;果实为浆果……… 胡椒科 Piperaceae

          6. 乔木或灌木;叶可呈各种型式,但常为羽状脉;果实不为浆果。

            7. 旱生性植物,有具节的分枝和极退化的叶片,后者在每节上且连合成为具齿的鞘状物 …………………………………………… 木麻黄科 Casuarinaceae ……………………………………………………………………………………… (木麻黄属 *Casuarina*)

            7. 植物体为其他情形者。

              8. 果实为具多数种子的蒴果;种子有丝状毛茸 ………… 杨柳科 Salicaceae

              8. 果实为仅具 1 种子的小坚果、核果或核果状的坚果。

                9. 叶为羽状复叶;雄花有花被 ………………………… 胡桃科 Juglandaceae

                9. 叶为单叶(有时在杨梅科中可为羽状分裂) ………… 杨梅科 Myricaceae

                  10. 果实为小坚果;雄花有花被 ………… 桦木科 Betulaceae

      4. 有花萼,或在雄花中不存在。

        11. 子房下位。

          12. 叶对生,叶柄基部互相连合 …………… 金粟兰科 Chloranthaceae

          12. 叶互生。

            13. 叶为羽状复叶 ……………………………… 胡桃科 Juglandaceae

            13. 叶为单叶。

              14. 果实为蒴果 ……………………… 金缕梅科 Hamamelidaceae

14. 果实为坚果。

 15. 坚果封藏于一变大呈叶状的总苞中 ················ 桦木科 Betulaceae

 15. 坚果有一壳斗下托,或封藏在一多刺的果壳中 ········ 壳斗科 Fagaceae

11. 子房上位。

 16. 植物体中具白色乳汁。

  17. 子房1室;桑椹果 ·················· 桑科 Moraceae

  17. 子房2～3室;蒴果 ·················· 大戟科 Euphorbiaceae

 16. 植物体中无乳汁,或在大戟科的重阳木属 *Bischofia* 中具红色液体。

  18. 子房为单心皮所成;雄蕊的花丝在花蕾中向内屈曲 ····· 荨麻科 Urticaceae

  18. 子房为2枚以上的连合心皮所组成;雄蕊的花丝在花蕾中常直立(在大戟科的重阳木属 *Bischofia* 及巴豆属 *Croton* 中则向前屈曲)。

   19. 果实为3个(稀可2～4个)离果所成的蒴果;雄蕊10个至多数,有时少于10 ······················ 大戟科 Euphorbiaceae

   19. 果实为其他情形;雄蕊少数至数个(大戟科的黄桐树属 *Endospermum* 为6～10),或和花萼裂片同数且对生。

    20. 雌雄同株的乔木或灌木。

     21. 子房2室;蒴果 ··········· 金缕梅科 Hamamelidaceae

     21. 子房1室;坚果或核果 ··········· 榆科 Ulmaceae

    20. 雌雄异株的植物。

     22. 草本或草质藤木;叶为掌状分裂或为掌状复叶 ····· 桑科 Moraceae

     22. 乔木或灌木;叶全缘,或在重阳木属为3小叶所成的复叶 ··········· ··················· 大戟科 Euphorbiaceae

3. 花两性或单性,但并不成为荑黄花序。

 23. 子房或子房室内有数个至多数胚珠。(次23项见80页)

  24. 寄生性草本,无绿色叶片 ··········· 大花草科 Rafflesiaceae

  24. 非寄生性草本,有正常绿色叶片或叶退化而以绿色茎代行叶的功用。

   25. 子房下位或部分下位。

    26. 雌雄同株或异株,如为两性花,则呈肉质穗状花序。

     27. 草本。

      28. 植物体含多量液汁;单叶常不对称 ······· 秋海棠科 Begoniaceae ························· (秋海棠属 *Begonia*)

      28. 植物体不含多量液汁;羽状复叶 ······· 野麻科 Datiscaceae ························· (野麻属 *Datisca*)

     27. 木本。

      29. 花两性,呈肉质穗状花序;叶全缘 ······· 金缕梅科 Hamamelidaceae ························· (山铜材属 *Chunia*)

29. 花单性,呈穗状、总状或头状花序;叶缘有锯齿或具裂片。

  30. 花呈穗状或总状花序;子房1室 ·················· 四数木科 Tetramelaceae
·································· (四数木属 *Tetrameles*)

  30. 花呈头状花序;子房2室 ·················· 金缕梅科 Hamamelidaceae
·································· (枫香树亚科 Liquidambaroideae)

26. 花两性,但不呈肉质穗状花序。

 31. 子房1室。

  32. 无花被,雄蕊着生在子房上 ···················· 三白草科 Saururaceae

  32. 有花被;雄蕊着生在花被上。

   33. 茎肥厚,绿色,常具棘针;叶常退化;花被片和雄蕊都多数;浆果 ······
·································· 仙人掌科 Cactaceae

   33. 茎不呈上述形状;叶正常;花被片和雄蕊皆为五出或四出数,或雄蕊
数为前者的2倍;蒴果 ·················· 虎耳草科 Saxifragaceae

 31. 子房4室或更多室。

  34. 乔木;雄蕊为不定数 ···················· 海桑科 Sonneratiaceae

  34. 草本或灌木。

   35. 雄蕊4 ···························· 柳叶菜科 Onagraceae
·································· (丁香蓼属 *Ludwigia*)

   35. 雄蕊6或12 ·················· 马兜铃科 Aristolochiaceae

25. 子房上位。

 36. 雄蕊或子房2个,或更多数。

 37. 草本。

  38. 复叶或多少有些分裂,稀可为单叶(如驴蹄草属 *Caltha*),全缘或具齿裂;
心皮多数至少数 ·················· 毛茛科 Ranunculaceae

  38. 单叶,叶缘有锯齿;心皮和花萼裂片同数 ····· 虎耳草科 Saxifragaceae
·································· (扯根菜属 *Penthorum*)

 37. 木本。

 39. 花的各部为整齐的三出数 ·················· 木通科 Lardizabalaceae

 39. 花为其他情形。

  40. 雄蕊数个至多数,连合成单体 ·········· 梧桐科 Sterculiaceae
·································· (苹婆族 Sterculieae)

  40. 雄蕊多数,离生。

   41. 花两性;无花被 ·················· 昆栏树科 Trochodendraceae
·································· (昆栏树属 *Trochodendron*)

   41. 花雌雄异株,具4个小形萼片 ········ 连香树科 Cercidiphyllaceae
·································· (连香树属 *Cercidiphyllum*)

36. 雌蕊或子房单独 1 个。

  42. 雄蕊周位,即着生于萼筒或杯状花托上。

    43. 有不育雄蕊,且和 8～12 能育雄蕊互生 …… 大风子科 Flacourtiaceae
    ……………………………………………………（山羊角树属 *Carrierea*）

    43. 无不育雄蕊。

      44. 多汁草本植物;花萼裂片呈覆瓦状排列,呈花瓣状,宿存;蒴果盖裂
      ………………………………………………………… 番杏科 Aizoaceae
      ………………………………………………………（海马齿属 *Sesuvium*）

      44. 植物体为其他情形;花萼裂片不呈花瓣状。

        45. 叶为双数羽状复叶,互生;花萼裂片呈覆瓦状排列;果实为荚果;常
        绿乔木 …………………………………………… 豆科 Leguminosae
        …………………………………………（云实亚科 Caesalpinoideae）

        45. 叶为对生或轮生单叶;花萼裂片呈镊合状排列;非荚果。

          46. 雄蕊为不定数;子房 10 室或更多室;果实浆果状 ……………
          ………………………………… 海桑科 Sonneratiaceae

          46. 雄蕊 4～12(不超过花萼裂片的 2 倍);子房 1 室至数室;果实蒴
          果状。

            47. 花杂性或雌雄异株,微小,呈穗状花序,或呈总状或圆锥状排
            列 …………………………………… 隐翼科 Crypteroniaceae
            …………………………………………（隐翼属 *crypteronia*）

            47. 花两性,中型,单生至排列为圆锥花序 …… 千屈菜科 Lythraceae

  42. 雄蕊下位,即着生于扁平或凸起的花托上。

    48. 木本;叶为单叶。

      49. 乔木或灌木;雄蕊常多数,离生;胚胎生于侧膜胎座或隔膜上 ……
      ………………………………………… 大风子科 Flacourtiaceae

      49. 木质藤本;雄蕊 4 或 5,基部连合成杯状或环状;胚珠基生(即位于子
      房室的基底) …………………………… 苋科 Amaranthaceae
      ………………………………………（浆果苋属 *Cladostachys*）

    48. 草本或亚灌木。

      50. 植物体沉没水中,常为一具背腹面呈原叶体状的构造,像苔藓 ……
      ………………………………………… 河苔草科 Podostemaceae

      50. 植物体非如上述情形

        51. 子房 3～5 室。

          52. 食虫植物;叶互生;雌雄异株 ……… 猪笼草科 Nepenthaceae
          ……………………………………………（猪笼草属 *Nepenthe*s）

          52. 非食虫植物;叶对生或轮生;花两性 ……… 番杏科 Aizoaceae

·· （粟米草属 Mollugo）

51. 子房 1～2 室

    53. 叶为复叶或多少有些分裂 ·············· 毛茛科 Ranunculaceae

    53. 叶为单叶。

      54. 侧膜胎座。

        55. 花无花被 ··············· 三白草科 Saururaceae

        55. 花具 4 离生萼片 ············· 十字花科 Cruciferae

      54. 特立中央胎座。

        56. 花序呈穗状、头状或圆锥状；萼片多少为干膜质 ·········

···················· 苋科 Amaranthaceae

        56. 花序呈聚伞状；萼片草质 ········· 石竹科 Caryophyllaceae

23. 子房或其子房室内仅有 1 个至数个胚珠。

  57. 叶片中常有透明微点。

    58. 叶为羽状复叶 ·············· 芸香科 Rutaceae

    58. 叶为单叶，全缘或有锯齿。

      59. 草本植物或有时在金粟兰科为木本植物；花无花被，常呈简单或复合的穗状花序，但在胡椒科齐头绒属 Zippelia 则呈疏松总状花序。

      60. 子房下位，仅 1 室有 1 胚珠；叶对生，叶柄在基部连合 ···········

···················· 金粟兰科 Chloranthaceae

      60. 子房上位；叶为对生时，叶柄也不在基部连合。

        61. 雌蕊由 3～6 近于离生心皮组成，每心皮各有 2～4 胚珠 ·········

···················· 三白草科 Saururaceae

···················· （三白草属 Saururus）

        61. 雌蕊由 1～4 合生心皮组成，仅 1 室，有 1 胚珠 ·········

···················· 胡椒科 Piperaceae

···················· （齐头绒属 Zippelia，豆瓣绿属 Peperomia）

      59. 乔木或灌木；花具一层花被；花序有各种类型，但不为穗状。

        62. 花萼裂片常 3 片，呈镊合状排列；子房为 1 心皮所成，成熟时肉质，常以 2 瓣裂开；雌雄异株 ·············· 肉豆蔻科 Myristicaceae

        62. 花萼裂片 4～6 片，呈覆瓦状排列；子房为 2～4 合生心皮所成。

          63. 花两性；果实仅 1 室，蒴果状，2～3 瓣裂开·········

···················· 大风子科 Flacourtiaceae

···················· （山羊角树属 Carrierea）

          63. 花单性，雌雄异株；果实 2～4 室，肉质或革质，很晚才裂开 ·······

···················· 大戟科 Euphorbiaceae

···················· （白树属 Suregada）

57. 叶片中无透明微点。

64. 雄蕊连为单体,至少在雄花中有这现象。花丝互相连合成筒状或一中柱。

65. 肉质寄生草本植物,具退化呈磷片的叶片,无叶绿素 ……………………
………………………… 蛇菰科 Balanophoraceae

65. 植物体非寄生性,有绿叶。

66. 雌雄同株,雄花呈球型头状花序,雌花 2 个同生于 1 个有 2 室而具有钩状
芒刺的果壳中 ………………………… 菊科 Compositae
………………………… (苍耳属 *Xanthium L.*)

66. 花两性,为单性时,雄花及雌花也无上述情形。

67. 草本植物;花两性。

68. 叶互生 ………………………… 藜科 Chenopodiaceae
68. 叶对生。

69. 花显著,有连合成花萼状的总苞 …… 紫茉莉科 Nyctaginaceae
69. 花微小,无上述情形的总苞 ………… 苋科 Amaranthaceae

67. 乔木或灌木,稀可为草本;花单性或杂性;叶互生。

70. 萼片呈覆瓦状排列,至少在雄花中如此 …… 大戟科 Euphorbiaceae
70. 萼片呈镊合状排列。

71. 雌雄异株;花萼常具 3 裂片;雌蕊为 1 心皮所成,成熟时肉质,且常
以 2 瓣裂开 ………………………… 肉豆蔻科 Myristicaceae

71. 花单性或雄花和两性花同株;花萼具 4～5 裂片或裂齿;雌蕊为 3～
6 近于离生的心皮所成,各心皮于成熟时为革质或木质,呈蓇葖果
状而不裂开 ………………………… 梧桐科 Sterculiaceae
………………………… (苹婆族 *Sterculieae*)

64. 雌蕊各自分离,有时仅为 1 个,或花丝成为分枝的簇丛(如大戟科的蓖麻属
Ricinus)。

72. 每花有雌蕊 2 个至多数,近于或完全离生;若花的界限不明显,则雌蕊多数,
呈 1 球形头状花序。(次 72 项见 82 页)

73. 花托下陷,呈杯状或坛状。

74. 灌木;叶对生;花被片在坛状花托的外侧排列成数层 ……………………
………………………… 蜡梅科 Calycanthaceae

74. 草本或灌木;叶互生;花被片在杯或坛状花托的边缘排成一轮 ………
………………………… 蔷薇科 Rosaceae

73. 花托扁平或隆起,有时可延长。

75. 乔木、灌木或木质藤本。

76. 花有花被 ………………………… 木兰科 Magnoliaceae
76. 花无花被。

77. 落叶灌木或小乔木;叶卵形,具羽状脉和锯齿缘;无托叶;花两性或杂性,在叶腋中丛生;翅果无毛,有柄 …………………… ……………………………… 昆栏树科 Trochodendraceae
……………………………………………… (领春木属 *Euptelea*)

77. 落叶乔木,叶广阔,掌状分裂,叶缘有缺刻或大锯齿;有托叶围茎成鞘,易脱落;花单性,雌雄同株,分别聚成球形头状花序;小坚果,围以长柔毛而无柄 …………………… 悬铃木科 Platanaceae
………………………………………………… (悬铃木属 *Platanus*)

75. 草本或稀为亚灌木,有时为攀缘性。

78. 胚珠倒生或直生。

79. 叶片有些分裂或为复叶;无托叶或极微小;有花被(花萼);胚珠倒生;花单生或呈各种类型的花序 ………… 毛茛科 Ranunculaceae

79. 叶为全缘单叶;有叶托;无花被;胚珠直生;花呈穗形总状花序 …… ……………………………………… 三白草科 Saururaceae

78. 胚珠常弯生;叶为全缘单生。

80. 直立草本;叶互生,非肉质 ………………… 商陆科 Phytolaccaceae

80. 平卧草本;叶对生或近轮生,肉质 ………………… 番杏科 Aizoaceae
………………………………………………… (针晶粟草属 *Gisekia*)

72. 每花仅有 1 个复合或单雌蕊,心皮有时于成熟后各自分离。

81. 子房下位或半下位。(次 81 项见 84 页)

82. 草本。

83. 水生或小形沼泽植物。

84. 花柱 2 个或更多;叶片(尤其沉没水中的)常呈羽状细裂或为复叶 ……………………………… 小二仙草科 Haloragidaceae

84. 花柱 1 个,叶为线形全缘单叶 ………… 杉叶藻科 Hippuridaceae

83. 陆生草本。

85. 寄生性肉质草本,无绿叶。

86. 花单性,雌花常无花被;无珠被及种皮 …… 蛇菰科 Balanophoraceae

86. 花杂性,有 1 层花被,两性花有 1 雄蕊;有珠被及种皮 ………… ……………………………………… 锁阳科 Cynomoriaceae
………………………………………………… (锁阳属 *Cynomorium*)

85. 非寄生性植物,或于百蕊草属 Thesium 为半寄生性,但均有绿叶。

87. 叶对生,其形宽广而有锯齿缘 ……… 金粟兰科 Chloranthaceae

87. 叶互生。

88. 平铺草本(限于我国植物),叶片宽,三角形,多少有些肉质 ………………………………………… 番杏科 Aizoaceae

　　　……………………………………………（番杏属 *Tetragonia*）

　　88. 直立草本,叶片窄而细长 ……………… 檀香科 Santalaceae

　　　……………………………………………（百蕊草属 *Thesium*）

82. 灌木或乔木。

　89. 子房 3～10 室。

　　90. 坚果 1～2 个,同生在一个可裂为 4 瓣的壳斗里 … 壳斗科 Fagaceae

　　　……………………………………………（水青冈属 *Fagus*）

　　90. 核果,并不生在壳斗内。

　　　91. 雌雄异株,呈顶生的圆锥花序,后者并不为叶状包片所托 ……

　　　………………………………………… 山茱萸科 Cornaceae

　　　…………………………………………（鞘柄木属 *Toricellia*）

　　　91. 花杂性,形成球形的头状花序,后者为 2～3 白色叶状苞片所托

　　　………………………………………… 珙桐科 Nyssaceae

　　　…………………………………………（珙桐属 *Davidia*）

　89. 子房 1 或 2 室,或在铁青树科的青皮木属 *Schoepfia* 中,子房的基部可为 3 室。

　　92. 花柱 2 个。

　　　93. 蒴果,2 瓣裂开 ……………… 金缕梅科 Hamamelidaceae

　　　93. 果实呈核果状,或为蒴果状的瘦果,不裂开 ………………

　　　………………………………………… 鼠李科 Rhamnaceae

　　92. 花柱 1 个或无花柱。

　　　94. 叶片下面多少有些具皮屑状或鳞片状的附属物 ………………

　　　………………………………………… 胡颓子科 Elaeagnaceae

　　　94. 叶片下面无皮屑状或鳞片状的附属物。

　　　95. 叶缘有锯齿或圆锯齿,在荨麻科的紫麻属 *Oreocnide* 中稀可有全缘者。

　　　　96. 叶对生,具羽状脉;雌花裸露,有雄蕊 1～3 个 ………………

　　　　………………………………………… 金粟兰科 Chloranthaceae

　　　　96. 叶互生,大都于叶基具三出脉;雄花具花被及雄蕊 4 个(稀可 3 或 5 个) ……… 荨麻科 Urticaceae

　　　95. 叶全缘,互生或对生。

　　　　97. 植物体寄生在乔木的树干或枝条上;果实呈浆果状 ………

　　　　………………………………………… 桑寄生科 Loranthaceae

　　　　97. 植物体大都陆生,或有时可为寄生性;果实呈坚果或核果状,胚珠 1～5 个。

　　　　98. 花多为单性;胚珠垂悬于基底胎座上 … 檀香科 Santalaceae

98. 花两性或单性;胚珠垂悬于子房室的顶端或中央胎座的顶端。

    99. 雄蕊 10 个,为花萼裂片的 2 倍数 …………………………………………… 使君子科 Combretaceae …………………………………… (诃子属 *Terminalia*)

    99. 雄蕊 4 或 5 个,和花萼裂片同数且对生 ……………………………………… 铁青树科 Olacaceae

81. 子房上位,有花萼时,与之相分离,或在紫茉莉科及胡颓子科中,当果实成熟时,子房为宿存萼筒所包围。

  100. 托叶鞘围抱茎的各节;草本,稀可为灌木 ………… 蓼科 Polygonaceae

  100. 无托叶鞘,在悬铃木科有托叶鞘但易脱落。

    101. 草本,或有时在藜科及紫茉莉科中为亚灌木。

      102. 无花被。

        103. 花两性或单性;子房 1 室,内仅有 1 个基生胚珠。

         104. 叶基生,由 3 小叶而成;穗状花序在一个细长基生无叶的花梗上 ……………………… 小檗科 Berberidaceae ……………………………………… (裸花草属 *Achlys*)

         104. 叶茎生,单叶;穗状花序顶生或腋生,但常和叶相对生 …………………………………………… 胡椒科 Piperaceae …………………………………………… (胡椒属 *Piper*)

        103. 花单性;子房 3 或 2 室。

         105. 水生或微小的沼泽植物,无乳汁;子房 2 室,每室内含 2 个胚珠 …………………… 水马齿科 Callitrichaceae ……………………………………… (水马齿属 *Callitriche*)

         105. 陆生植物;有乳汁;子房 3 室,每室内仅含 1 个胚珠 ……… ………………………………………… 大戟科 Euphorbiaceae

      102. 有花被,当花为单性时,特别是雄花是如此。

        106. 花萼呈花瓣状,且呈管状。

         107. 花有总苞,有时总苞类似花萼 …… 紫茉莉科 Nyctaginaceae

         107. 花无总苞。

          108. 胚珠 1 个,在子房的近端处……… 瑞香科 Thymelaeaceae

          108. 胚珠多数,生在特立中央胎座上 …… 报春花科 Primulaceae ………………………………………… (海乳草属 *Glaux*)

        106. 花萼非如上述情形。

         109. 雄蕊周位,即位于花被上。

          110. 叶互生,羽状复叶而有草质的托叶;花无膜质苞片;瘦果

　　　　　　　　　　　　　　……………………………… 蔷薇科 Rosaceae

　　　　　　　　　　　　　　………………………… (地榆族 *Sanguisorbieae*)

110. 叶对生,或在蓼科的冰岛蓼属 *Koenigia* 为互生,单叶无草
质托叶;花有膜质苞片。

　111. 花被片和雄蕊各为 5 或 4 个,对生;囊果;托叶膜质
　　　 ……………………………… 石竹科 Caryophyllaceae

　111. 花被片和雄蕊各为 3 个,互生;坚果;无托叶 …………
　　　 ……………………………………… 蓼科 Polygonaceae
　　　　　　　　　　……………………… (冰岛蓼属 *Koenigia*)

109. 雄蕊下位,即位于子房下。

　112. 花柱或其分枝为 2 或数个,内侧常为柱头面。

　　113. 子房常为数个或多数心皮连合而成 …………………
　　　　 ……………………………………… 商陆科 Phytolaccaceae

　　113. 子房常为 2 或 3(或 5)心皮连合而成。

　　　114. 子房 3 室,稀可 2 或 4 室 …… 大戟科 Euphorbiaceae
　　　114. 子房 1 或 2 室。

　　　　115. 叶为掌状复叶或具掌状脉而有宿存托叶 …………
　　　　　　 ………………………………… 桑科 Moraceae
　　　　　　 ………………………… (大麻亚科 Cannabaceae)

　　　　115. 叶具羽状脉,或稀可为掌状脉而无托叶,也可在藜
　　　　　　 科中叶退化成鳞片或为肉质而形如圆筒。

　　　　　116. 花有草质而带绿色或灰绿色的花被及苞片 ……
　　　　　　　 ………………………… 藜科 Chenopodiaceae

　　　　　116. 花有干膜质而常有色泽的花被及苞片 …………
　　　　　　　 ………………………… 苋科 Amaranthaceae

　112. 花柱 1 个,顶端常有柱头,也可无花柱。

　　117. 花两性。

　　　118. 雌蕊为单心皮;花萼由 2 膜质且宿存的萼片组成;雄
　　　　　 蕊 2 个 ………………………… 毛茛科 Ranunculaceae
　　　　　 ………………………………… (星叶草属 *Circaeaster*)

　　　118. 雌蕊由 2 合生心皮卷合而成。

　　　　119. 萼片 2 片,雄蕊多数 ……… 罂粟科 Papaveraceae
　　　　　　 ………………………………… (博落回属 *Macleaya*)

　　　　119. 萼片 4 片,雄蕊 2 或 4 ……… 十字花科 Cruciferae
　　　　　　 ……………………………… (独行菜属 *Lepidium*)

　　117. 花单性。

120. 沉没于淡水中的水生植物;叶细裂呈丝状 ………… ………… 金鱼藻科 Ceratophyllaceae ………… （金鱼藻属 *Ceratophyllum*）

120. 陆生植物;叶为其他情形。

　121. 叶含多量水分;托叶连接叶柄的基部;雄花的花被 2 片;雄蕊多数 ………… 假牛繁缕科 Theligonaceae ………… （假牛繁缕属 *Theligonum*）

　121. 叶不含多量水分;有托叶时,也不连接叶柄的基部;雄花的花被片和雄蕊各为 4 或 5 个,二者相对生 ………… 荨麻科 Urticaceae

101. 木本植物或亚灌木。

　122. 耐寒旱性的灌木,或在藜科的琐琐属 *Haloxyion* 为乔木;叶微小,细长或呈鳞片状,有时(如藜科)也可为肉质而呈圆筒形或半圆筒形。

　　123. 雌雄异株或花杂性;花萼为三出数,萼片微呈花瓣状,和雄蕊同数且互生;花柱 1,极短,常有 6～9 放射状且有齿裂的柱头;核果;胚体劲直;常绿而基部偃卧的灌木;叶互生,无托叶 ……… ………… 岩高兰科 Empetraceae ………… （岩高兰属 *Empetrum*）

　　123. 花两性或单性,花萼为五出数,稀可三出或四出数,萼片或花萼裂片草质或革质,和雄蕊同数且对生,或在藜科中雄蕊由于退化而数较小,甚或 1 个;花柱或花柱分枝 2 或 3 个,内侧常为柱头面;胞果或坚果;胚体弯曲如环或弯曲成螺旋形。

　　124. 花无膜质苞片;雄蕊下位;叶互生或对生;无托叶;枝条常具关节 ………… 藜科 Chenopodiaceae

　　124. 花有膜质苞片;雄蕊周位;叶对生,基部常互相连合;有膜质托叶;枝条不具关节 ………… 石竹科 Caryophyllaceae

　122. 不是上述的植物;叶片矩圆形或披针形,或宽广至圆形。

　　125. 果实及子房均为 2 至数室,或在大风子科中为不完全的 2 至数室

　　126. 花常为两性。

　　　127. 萼片 4 或 5 片,稀可 3 片,呈覆瓦状排列。

　　　128. 雄蕊 4 个,4 室的蒴果 ………… 木兰科 Magnoliaceae ………… （水青树属 *Tetracentron*）

　　　128. 雄蕊多数,浆果状的核果 …… 大风子科 Flacourtiaceae

　　　127. 萼片多 5 片,呈镊合状排列。

　　　129. 雄蕊为不定数;具刺的蒴果 …… 杜英科 Elaeocarpaceae

　　　　　……………………………………（猴欢喜属 *Sloanea*）

　　129. 雄蕊和萼片同数；核果或坚果。

　　　　130. 雄蕊和萼片对生，各为 3～6 片 …… 铁青树科 Olacaceae

　　　　130. 雄蕊和萼片互生，各为 4 或 5 …… 鼠李科 Rhamnaceae

126. 花单性(雌雄同株或异株)或杂性。

　　131. 果实各种；种子无胚乳或有少量胚乳。

　　　　132. 雄蕊常 8 个；果实坚果状或为有刺的蒴果；羽状复叶或

　　　　　　单叶 ………………………… 无患子科 Sapindaceae

　　　　132. 雄蕊 5 或 4 个，且和萼片互生；核果有 2～4 个小核；

　　　　　　单叶 ………………………… 鼠李科 Rhamnaceae

　　　　　　……………………………………（鼠李属 *Rhamnus*）

　　131. 果实多呈蒴果状，无刺；种子常有胚乳。

　　　　133. 果实为具 2 室的蒴果，有木质或革质的外种皮及角质的

　　　　　　内果皮 ……………… 金缕梅科 Hamamelidaceae

　　　　133. 果实为蒴果时，也不呈上述情形。

　　　　　　134. 胚珠具腹脊；果实有各种类型，但多为胞间裂开的蒴

　　　　　　　　果 ………………………… 大戟科 Euphorbiaceae

　　　　　　134. 胚珠具背脊；果实为胞背裂开的蒴果，或有时呈核果

　　　　　　　　状………………………… 黄杨科 Buxaceae

125. 果实及子房均为 1 或 2 室，稀可在无患子科的荔枝属 *Litchi* 及

　　韶子属 *Nephelium* 中为 3 室；或在卫矛科的十齿花属 *Di-*

　　pentodon 及铁青树科的铁青树属 *Olax* 中，子房的下部为 3 室，

　　而上部为 1 室。

　　135. 花萼具显著的萼筒，且常呈花瓣状。

　　　　136. 叶无毛或下面有柔毛；萼筒整个脱落 ………………

　　　　　　………………………… 瑞香科 Thymelaeaceae

　　　　136. 叶下面具银白色或棕色的鳞片；萼筒或其下部永久宿存，

　　　　　　当果实成熟时，变为肉质而紧密包着子房 …………

　　　　　　………………………… 胡颓子科 Elaeagnaceae

　　135. 花萼不是上述情形，或无花被。

　　　　137. 花药以 2 或 4 舌瓣裂开 ……………… 樟科 Lauraceae

　　　　137. 花药不以舌瓣裂开。

　　　　　　138. 叶对生。

　　　　　　139. 果实为有双翅或呈圆形的翅果 … 槭树科 Aceraceae

　　　　　　139. 果实为有单翅而呈细长形兼矩圆形的翅果 …………

　　　　　　　　………………………… 木犀科 Oleaceae

138. 叶互生。

  140. 叶为羽状复叶。

    141. 叶为二回羽状复叶,或退化仅具叶状柄(特称为叶状柄 Phyllode) ················· 豆科 Leguminosae ·································(金合欢属 *Acacia*)

    141. 叶为一回羽状复叶。

      142. 小叶边缘有锯齿;果实有翅 ············· ·················· 马尾树科 Rhoipteleaceae ·································(马尾树属 *Rhoiptelea*)

      142. 小叶全缘;果实无翅。

        143. 花两性或杂性 ········· 无患子科 Sapindaceae

        143. 雌雄异株 ············· 漆树科 Anacardiaceae ·································(黄连木属 *Pistacia*)

  140. 叶为单叶。

    144. 花均无花被。

      145. 多为木质藤本;叶全缘;花两性或杂性,呈紧密的穗状花序 ················· 胡椒科 Piperaceae ·································(胡椒属 *Piper*)

      145. 乔木;叶缘有锯齿或缺刻;花单性。

        146. 叶宽广,具掌状脉及掌状分裂,叶缘具缺刻或大锯齿;有托叶,围茎成鞘,但易脱落;雌雄同株,雌花或雄花分别呈球形的头状花序;雌蕊为单心皮卷合而成;小坚果为倒圆锥形而有棱角,无刺也无梗,但围以长柔毛 ············· ·················· 悬铃木科 Platanaceae ·································(悬铃木属 *Platanus*)

        146. 叶椭圆形至卵形,具羽状脉及锯齿缘;无托叶;雌雄异株,雄花聚成疏松有苞片的簇丛,雌花单生于苞片的腋内;雌蕊为 2 心皮卷合而成;小坚果扁平,具翅且有柄,但无毛 ············· ·················· 杜仲科 Eucommiaceae ·································(杜仲属 *Eucommia*)

    144. 花常有花萼,尤其雄花。

      147. 植物体内有乳汁 ·········· 桑科 Moraceae

      147. 植物体内无乳汁。

        148. 花柱或其分枝 2 个或数个,但在大戟科的核果木

属 *Drypetes* 中侧柱头几无柄,呈盾状或肾形。

149. 雌雄异株或有时为同株;叶全缘或具波状齿。

150. 矮小灌木或亚灌木;果实干燥,包藏于具有长柔毛而互相联合成双角的 2 个苞片中,胚体弯曲如环 ……………………………………………………… 藜科 Chenopodiaceae

150. 乔木或灌木;果实呈核果状,常为 1 室含 1 种子,不包藏于苞片内;胚体劲直 ………………………………………… 大戟科 Euphorbiaceae

149. 花两性或单性;叶缘多有锯齿或具齿裂,稀可全缘。

151. 雄蕊多数 …… 大风子科 Flacourtiaceae

151. 雄蕊 10 或较少。

152. 子房 2 室,每室有 1 个至数个胚珠;果实为木质蒴果 ……………………………………………… 金缕梅科 Hamamelidaceae

152. 子房 1 室,仅含 1 胚珠;果实不是木质蒴果 ……………… 榆科 Ulmaceae

148. 花柱 1 个,有时(如荨麻属)也可无,而柱头呈画笔状。

153. 叶缘有锯齿,子房为 1 心皮而成。

154. 花两性 …………… 山龙眼科 Proteaceae

154. 雌雄异株或同株。

155. 花生于当年新枝上;雄蕊多数 ………………………………………… 蔷薇科 Rosaceae …………………………… (假稠李属 *Maddenia*)

155. 花生于老枝上;雄蕊与萼片同数 ……………………………………… 荨麻科 Urticaceae

153. 叶全缘或边缘有锯齿;子房为 2 个以上连合心皮所成。

156. 果实呈核果状,内有 1 种子;无托叶。

157. 子房具 1～4 个胚珠;果实于成熟后由萼筒包围 ……… 铁青树科 Olacaceae

157. 子房仅具 1 个胚珠;果实和花萼相分离,

或仅果实基部有花萼托之……………

…………… 山柚子科 Opiliaceae

156．果实呈蒴果状或浆果状，内含 1 至数个种子。

158．花下位，雌雄异株，稀可杂性，雄蕊多数；

果实呈浆果状；无托叶 ……………

………… 大风子科 Flacourtiaceae

………………………（柞木属 *Xylosma*）

158．花周位，两性；雄蕊 5～12 个，果实呈蒴

果状；有托叶，但易脱落。

159．花为腋生的簇丛或头状花序；萼片 4～

6 片 ………… 大风子科 Flacourtiaceae

……………………（山羊角树属 *Carrierea*）

159．花为腋生的伞形花序；萼片 10～14 片

………………… 卫矛科 Celastraceae

………………（十齿花属 *Dipentodon*）

2．花具花萼也具花冠，或有 2 层以上的花被片，有时花冠可为蜜腺叶所代替。

160．花冠常为离生的花瓣所组成。（次 160 项见 113 页）

161．成熟雄蕊（或单体雄蕊的花药）多在 10 个以上，通常多数，或其数超过花瓣的 2

倍。（次 161 项见 97 页）

162．花萼和 1 个或更多的雌蕊略互相愈合，即子房下位或半下位。（次 162 项见 92

页）

163．水生草本植物；子房多室 ……………………… 睡莲科 Nymphaeaceae

163．陆生植物；子房 1 室至数室，也可心皮为 1 个至数个，或在海桑科中为多室。

164．植物体具肥厚的肉质茎，多有翅，常无真正的叶 …… 仙人掌科 Cactaceae

164．植物体为普通形态，不呈仙人掌状，有真正的叶片。

165．草本植物或稀可为亚灌木。

166．花单性。

167．雌雄同株；花鲜艳，多呈腋生的聚伞花序；子房 2～4 室 …………

…………………………… 秋海棠科 Begoniaceae

…………………………（秋海棠属 *Begonia*）

167．雌雄异株；花小而不显著，呈腋生穗状或总状花序 ………………

………………………… 四数木科 Datiscaceae

166．花常两性。

168．叶基生或茎生，呈心形，或在阿柏麻属 *Apama* 为长形；不为肉质；花

为三出数 ……………… 马兜铃科 Aristolochiaceae

………………………（细辛族 Asareae）

168. 叶茎生,不呈心形,略有些肉质,或为圆柱形;花不是三出数。

  169. 花萼裂片常为 5,叶状;蒴果 5 室或更多室,在顶端呈放射状裂开

          ················ 番杏科 Aizoaceae

  169. 花萼裂片 2;蒴果 1 室,盖裂 ·········· 马齿苋科 Portulacaceae

                (马齿苋属 *Portulaca*)

165. 乔木或灌木(但在虎耳草科的叉叶蓝属 *Deinanthe* 及草绣球属 *Cardiandra* 为亚灌木,黄山梅属 *Kirengeshoma* 为多年生高大草本),有时生小气根而攀缘。

  170. 叶通常对生(虎耳草科的绣球属 *Cardiandra* 为例外),或在石榴科的石榴属 *Punica* 中有时可互生。

    171. 叶缘常有锯齿或全缘;花序(除山梅花族 Philadelpheae 外)常有不孕的边缘花 ·············· 虎耳草科 Saxifragaceae

  171. 叶全缘;花序无不孕花。

    172. 叶为脱落性;花萼呈朱红色 ·············· 石榴科 Punicaceae

          ·············· (石榴属 *Punica*)

    172. 叶为常绿性;花萼不呈朱红色。

      173. 叶片中有腺体微点;胚珠常多数 ·········· 桃金娘科 Myrtaceae

      173. 叶片中无微点。

        174. 胚珠在每子房室中为多数 ·········· 海桑科 Sonneratiaceae

        174. 胚珠在每子房室中仅 2 个,稀可较多 ··· 红树科 Rhizophoraceae

170. 叶互生。

  175. 花瓣细长形兼长方形,末端向外翻转 ········ 八角枫科 Alangiaceae

          ·············· (八角枫属 *Alangium*)

  175. 花瓣不呈细长形,即使为细长形,也不向外翻转。

    176. 叶无托叶。

      177. 叶全缘;果实肉质或木质 ············· 玉蕊科 Lecythidaceae

          ·············· (玉蕊属 *Barringtonia*)

      177. 叶缘略有锯齿或齿裂;果实呈核果状,其形歪斜 ·············

          ·············· 山矾科 Symplocaceae

          ·············· (山矾属 *Symplocos*)

    176. 叶有托叶。

      178. 花瓣呈旋转状排裂;花药药隔向上延伸;花萼裂片中 2 个或更多个在果实上变大而呈翅状 ······ 龙脑香科 Dipterocarpaceae

      178. 花瓣呈覆瓦状或旋转状排列(如蔷薇科的火棘属 *Pyracantha*);花药药隔并不向上延伸;花萼裂片也无上述变大情形。

        179. 子房 1 室,内具 2～6 侧膜胎座,各有 1 个至多数胚珠;果实为

革质蒴果,顶端以 2～6 瓣裂开 ······ 大风子科 Flacourtiaceae
·· (天料木属 *Homalium*)

179. 子房 2～5 室,内具中轴胎座,或其心皮在腹面互相分离而具边缘胎座。

  180. 花呈伞房、圆锥、伞形或总状等花序,稀可单生;子房 2～5 室,或心皮 2～5 个,下位,每室或每心皮有胚珠 1～2 个,稀可为 3～10 个或为多数;果实为肉质或木质假果;种子无翅 ······················ 蔷薇科 Rosaceae
  ·· (苹果亚科 Maloideae)

  180. 花成头状或肉穗花序;子房 2 室,半下位,每室有胚珠 2～6 个;果为木质蒴果;种子有或无翅 ····· 金缕梅科 Hamamelidaceae
  ·· (马蹄荷亚科 Subfam. Exbucklandioideae)

162. 花萼和 1 个或更多的雌蕊互相分离,及子房上位。

181. 花为周位花。

  182. 萼片和花瓣相似,覆瓦状排列成数层,着生于坛状花托的外侧 ···············
  ·· 蜡梅科 Calycanthaceae
  ·· (夏蜡梅属 *Calycanthus*)

  182. 萼片和花瓣有分化,在萼筒或花托的边缘排列成 2 层。

    183. 叶对生或轮生,有时上部者可互生,但均为全缘单叶;花瓣常于蕾中呈皱褶状。

    184. 花瓣无爪,形小,或细长;浆果 ········· 海桑科 Sonneratiaceae

    184. 花瓣有细爪,边缘具腐蚀状的波纹或具流苏;蒴果 ···············
    ·· 千屈菜科 Lythraceae

    183. 叶互生,单叶或复叶;花瓣不呈皱褶状。

    185. 花瓣宿存;雄蕊的下部连成一管 ········· 亚麻科 Linaceae
    ·· (粘木属 *Ixonanthes*)

    185. 花瓣脱落性;雌雄互相分离。

      186. 草本植物,具二出数的花朵;萼片 2 片,早落性;花瓣 4 个 ··········
      ·· 罂粟科 Papaveraceae
      ·· (花菱草属 *Eschscholzia*)

      186. 木本或草本植物,具五出或四出数的花朵。

        187. 花瓣镊合状排列;果实为荚果;叶多为二回羽状复叶,有时叶片退化,而叶柄发育为叶状柄;心皮 1 个 ········· 豆科 Leguminosae
        ·· (含羞草亚科 Mimosoideae)

        187. 花瓣覆瓦状排列;果实为核果、菁葖果或瘦果;叶为单叶或复叶;心皮 1 个至多数 ····················· 蔷薇科 Rosaceae

181. 花为下位花,或至少在果实时花托扁平或隆起。

  188. 雌蕊少数至多数,互相分离或微有连合。

    189. 水生植物。

      190. 叶片呈盾状,全缘 ·················· 睡莲科 Nymphaeaceae

      190. 叶片不呈盾状,略有些分裂或为复叶 ·········· 毛茛科 Ranunculaceae

    189. 陆生植物。

      191. 茎为攀缘性。

        192. 草质藤本。

          193. 花显著,为两性花 ·················· 毛茛科 Ranunculaceae

          193. 花小形,为单性,雌雄异株·········· 防己科 Menispermaceae

        192. 木质藤本或为蔓生灌木。

          194. 叶对生,复叶由 3 小叶所成,或顶端小叶形成卷须 ·········

          ················· 毛茛科 Ranunculaceae

          ················· (锡兰莲属 *Naravelia*)

          194. 叶互生,单叶。

            195. 花单性。

              196. 心皮多数,结果时聚生成一球状的肉质体或散布于极延长的

              花托上 ·············· 木兰科 Magnoliaceae

              ··············· (五味子亚科 Schisandraceae)

              196. 心皮 3～6 个,果为核果或核果状····· 防己科 Menispermaceae

            195. 花两性或杂性;心皮数个,果为蓇葖果 ····· 五桠果科 Dilleniaceae

            ·············· (锡叶藤属 *Tetracera*)

      191. 茎直立,不为攀缘性。

        197. 雄蕊的花丝连成单体 ·················· 锦葵科 Malvaceae

        197. 雄蕊的花丝互相分离。

          198. 草本植物,稀可为亚灌木;叶片略有些分裂或为复叶。

            199. 叶无托叶;种子无胚乳 ·············· 毛茛科 Ranunculaceae

            199. 叶多有托叶;种子有胚乳 ·············· 蔷薇科 Rosaceae

          198. 木本植物;叶片全缘或边缘有锯齿,也稀有分裂者。

            200. 叶片和花瓣均为镊合状排列;胚乳有嚼痕 ···········

            ··············· 番荔枝科 Annonaceae

            200. 叶片和花瓣均为覆瓦状排列;胚乳无嚼痕。

              201. 萼片及花瓣相同,三出数,排列成 3 层或多层,均可脱落 ···

              ··············· 木兰科 Magnoliaceae

              201. 萼片及花瓣甚有分化,多有五出数,排列成 2 层,萼片宿存。

                202. 心皮 3 个至多数;花柱互相分离,胚珠为不定数 ···········

······························ 五桠果科 Dilleniaceae

202. 心皮 3～10 个;花柱完全合生,胚珠单生 ···················

···························· 金莲木科 Ochnaceae

···································· (金莲木属 *Ochna*)

188. 雄蕊 1 个,但花柱或柱头为 1 个至多数。

203. 叶片中具透明微点。

204. 叶互生,羽状复叶或退化为仅有 1 顶生小叶 ········ 芸香科 Rutaceae

204. 叶对生,单叶 ································· 藤黄科 Guttiferae

203. 叶片中无透明微点。

205. 子房单纯,具 1 子房室。

206. 乔木或灌木;花瓣呈镊合状排列;果实为荚果 ····· 豆科 Leguminosae

······························ (含羞草亚科 Mimosoideae)

206. 草本植物;花瓣呈覆瓦状排列,果实不是荚果。

207. 花为五出数;蓇葖果 ··················· 毛茛科 Ranunculaceae

207. 花为三出数;浆果 ··················· 小檗科 Berberidaceae

205. 子房为复合性。

208. 子房 1 室,或在马齿苋科的土人参属 *Talinum* 中子房基部为 3 室。

209. 特立中央胎座。

210. 草本;叶互生或对生;子房的基部 3 室,有多数胚珠 ··········

······························ 马齿苋科 Portulacaceae

···································· (土人参属 *Talinum*)

210. 灌木;叶对生;子房 1 室,内有成为 3 对的 6 个胚珠 ··········

······························ 红树科 Rhizophoraceae

···································· (秋茄树属 Kandelia)

209. 侧膜胎座。

211. 灌木或小乔木(在半日花科中常为亚灌木或草本植物),子房柄
不存在或极短;果实为蒴果或浆果。

212. 叶对生;萼片不相等,外面 2 片较小,有时退化,内面 3 片呈
旋转状排列 ······················ 半日花科 Cistaceae

······························ (半日花属 *Helianthemum*)

212. 叶常互生,萼片相等,呈覆瓦状或镊合状排列。

213. 植物体内含有色泽的汁液;叶具掌状脉,全缘;萼片 5 片,互
相分离,基部有腺体;种皮肉质,红色 ····· 红木科 Bixaceae

···································· (红木属 *Bixa*)

213. 植物体内不含有色泽的汁液;叶具羽状脉或掌状脉;叶缘
有锯齿或全缘;萼片 3～8 片,离生或合生;种皮坚硬,干燥

·············· 大风子科 Flacourtiaceae

211. 草本植物,若为木本植物,则具有显著的子房柄;果实为浆果或核果。

214. 植物体内含乳汁;萼片 2~3 个 ········ 罂粟科 Papaveraceae

214. 植物体内不含乳汁;萼片 4~8 个。

215. 叶为单叶或掌状复叶;花瓣完整;长角果 ·············· ·············· 白花菜科 Capparidaceae

215. 叶为单叶,或为羽状复叶或分裂;花瓣具缺刻或细裂;蒴果仅于顶端裂开 ·············· 木犀草科 Resedaceae

208. 子房 2 室至多室,或为不完全的 2 室至多室。

216. 草本植物,略具呈花瓣状的萼片。

217. 水生植物,花瓣为多数雄蕊或鳞片状的蜜腺叶所代替 ········ ·············· 睡莲科 Nymphaeaceae ·············· (萍蓬草属 Nuphar)

217. 陆生植物,花瓣不为蜜腺叶所代替。

218. 一年生草本植物,叶呈羽状细裂;花两性 ·············· ·············· 毛茛科 Ranunculaceae ·············· (黑种草属 Nigella)

218. 多年生草本植物,叶全缘而呈掌状分裂;雌雄同株 ·············· ·············· 大戟科 Euphorbiaceae ·············· (麻疯树属 Jatropha)

216. 木本植物,或陆生草本植物,常不具呈花瓣状的萼片。

219. 萼片于蕾内呈镊合状排列。

220. 雄蕊互相分离或连成数束。

221. 花药 1 室;或数室;叶为掌状复叶或单叶,全缘,具羽状脉 ·············· 木棉科 Bombacaceae

221. 花药 2 室;叶为单叶,叶缘有锯齿或全缘。

222. 花药以顶端 2 孔裂开 ·········· 杜英科 Elaeocarpaceae

222. 花药纵长裂开 ·············· 椴树科 Tiliaceae

220. 雄蕊连为单体,至少内层如此,并且略连成管状。

223. 花单性;萼片 2 或 3 片 ········ 大戟科 Euphorbiaceae ·············· (油桐属 Aleurites)

223. 花常两性;萼片多 5 片,稀可较少。

224. 花药 2 室或更多室。

225. 无副萼;多有不育雄蕊;花药 2 室;叶为单叶或掌状分裂 ·········· 梧桐科 Sterculiaceae

225. 有副萼;无不育雄蕊;花药数室;叶为单叶,全缘,且具
羽状脉 ……………………… 木棉科 Bombacaceae
…………………………………… (榴莲属 *Durio*)

224. 花药 1 室。

226. 花粉粒表面平滑;叶为掌状复叶 ………………
……………………………… 木棉科 Bombacaceae
……………………………… (木棉属 *Gossampinus*)

226. 花粉粒表面有刺;叶有各种情形 ……… 锦葵科 Malvaceae

219. 萼片于蕾内呈覆瓦状或旋转状排列,或有时(如大戟科的巴豆
属 *Croton*)呈近于镊合状排列。

227. 雌雄同株或稀可异株;果实为蒴果,由 2～4 个各自裂为 2 片
的离果所成 ……………………… 大戟科 Euphorbiaceae

227. 花常两性,或在猕猴桃科的猕猴桃属 *Actinidia* 中为杂性或
雌雄异株;果实为其他情形。

228. 萼片在果实时增大且呈翅状;雄蕊具伸长的花药隔 ……
……………………………… 龙脑香科 Dipterocarpaceae

228. 萼片及雄蕊不为上述情况。

229. 雄蕊排列成 2 层,外层 10 个和花瓣对生,内层 5 个和萼
片对生 ……………………… 蒺藜科 Zygophyllaceae
……………………………… (骆驼蓬属 *Peganum*)

229. 雄蕊的排列为其他情形。

230. 食虫的草本植物;叶基生,呈管状,其上具有小叶片
……………………………… 瓶子草科 Sarraceniaceae

230. 不是食虫植物;叶茎生或基生,但不呈管状。

231. 植物体耐寒旱;叶为全缘单叶。

232. 叶对生或上部者互生;萼片 5 片,互不相等,外面
2 片较小,有时退化,内面 3 片较大,呈旋转状排
列,宿存;花瓣早落………… 半日花科 Cistaceae

232. 叶互生;萼片 5 片,大小相等;花瓣宿存;在内侧
基部各有 2 舌状物 ……… 柽柳科 Tamaricaceae
……………………………… (琵琶柴属 *Reaumuria*)

231. 植物体不耐寒旱;叶常互生;萼片 2～5 片,彼此相
等;呈覆瓦状,稀可呈镊合状排列。

233. 草本或木本植物;花为四出数,或其萼片多为 2
片且早落。

234. 植物体内含乳汁;无或有极短子房柄;种子有

丰富胚乳 …………………… 罂粟科 Papaveraceae

234. 植物体不内含乳汁;有细长的子房柄;种子有
或无少量胚乳 …… 白花菜科 Capparidaceae

233. 木本植物;花常为五出数,萼片宿存或脱落。

235. 果实为具 5 个棱角的蒴果,分成 5 个骨质,各
含 1 或 2 种子的心皮,再各沿其缝线而 2 瓣
裂开 ……………………… 蔷薇科 Rosaceae
…………………… (白鹃梅属 Exochorda)

235. 果实不为蒴果,如为蒴果,则为胞背裂开。

236. 蔓生或攀缘的灌木;雄蕊互相分离;子房 5
室或更多;浆果,常可食 ………………
………… 猕猴桃科 Actinidiaceae

236. 直立乔木或灌木;雄蕊至少在外层者连为单
体,或连成 3～5 束而着生于花瓣的基部;子
房 3～5 室。

237. 花药能转动,顶端孔裂开;浆果;胚乳颇
丰富 ………… 猕猴桃科 Actinidiaceae
………………… (水东哥属 Saurauia)

237. 花药能或不能转动,常纵长裂开;果实有
各种情形;胚乳通常量微小 …………
………………… 山茶科 Theaceae

161. 成熟雄蕊 10 个或较少,如多于 10 个,其数不超过花瓣的 2 倍。

238. 成熟雄蕊和花瓣同数,且与之对生。

239. 雌蕊 3 个至多数,离生。

240. 直立草本或亚灌木;花两性,五出数 ……………… 蔷薇科 Rosaceae
………………………… (地蔷薇属 Chamaerhodos)

240. 木质或草质藤本;花单性,常为三出数。

241. 叶常为单叶;花小形;核果;心皮 3～6 个,呈星状排列,各含 1 胚珠 ……
……………………… 防己科 Menispermaceae

241. 叶为掌状复叶或由 3 小叶组成;花中型;浆果;心皮 3 个至多数,轮状或
螺旋状排列,各含 1 个或多数胚珠 ………… 木通科 Lardizabalaceae

239. 雌蕊 1 个。

242. 子房 2 室至数室。

243. 花萼裂齿不明显或微小;以卷须缠绕他物的灌木或草本植物 …………
……………………… 葡萄科 Vitaceae

243. 花萼具 4～5 裂片;乔木、灌木或草本植物,有时也可具缠绕性,但无

卷须。

244. 雄蕊连成单体。

245. 叶为单体；每子房室内含胚珠 2～6（或在可可树亚族 Theobroma 中为多数）……………………………………… 梧桐科 Sterculiaceae

245. 叶为掌状复叶，每子房室内含胚珠多数 …… 木棉科 Bombacaceae
…………………………………………………………………（吉贝属 Ceiba）

244. 雄蕊互相分离，或稀可在其下部连成一管。

246. 叶无托叶；萼片各不相等，呈覆瓦状排列；花瓣不相等，在内层的 2 片常很小……………………………………… 清风藤科 Sabiaceae

246. 叶常有托叶；萼片同大，呈镊合状排列；花瓣均大小同形。

247. 叶为单叶 ………………………………… 鼠李科 Rhamnaceae

247. 叶为一回至三回羽状复叶 ………………… 葡萄科 Vitaceae
…………………………………………………………………（火筒树属 Leea）

242. 子房 1 室（在马齿苋科的土人参属 Talinum 及铁青树科的铁青树属 Olax 中，子房的下部略有些为 3 室）。

248. 子房下位或半下位。

249. 叶互生，边缘常有锯齿；蒴果 ……………… 大风子科 Flacourtiaceae
………………………………………………………（天料木属 Homalium）

249. 叶多对生或轮生，全缘；浆果或核果 …… 桑寄生科 Loranthaceae

248. 子房上位。

250. 花药以舌瓣裂开 …………………………… 小檗科 Berberidaceae

250. 花药不以舌瓣裂开。

251. 缠绕草本；胚珠 1 个；叶肥厚，肉质 …………… 落葵科 Basellaceae
…………………………………………………………………（落葵属 Basella）

251. 直立草本，或有时为木本；胚珠 1 个至多数。

252. 雄蕊连成单体；胚珠 2 个 ………………… 梧桐科 Sterculiaceae
………………………………………………………（蛇婆子属 Waltheria）

252. 雄蕊互相分离，胚珠 1 个至多数。

253. 花瓣 6～9 片；雌蕊单纯 ……………… 小檗科 Berberidaceae

253. 花瓣 4～8 片；雌蕊复合。

254. 常为草本；花萼有 2 个分裂萼片。

255. 花瓣 4 片；侧膜胎座 …………………… 罂粟科 Papaveraceae
…………………………………………………………（角茴香属 Hypecoum）

255. 花瓣常 5 片；基部胎座 …………… 马齿苋科 Portulacaceae

254. 乔木或灌木，常蔓生；花萼呈倒圆锥形或杯形。

256. 通常雌雄同株；花萼裂片 4～5 片；花瓣呈覆瓦状排列；无

不育雄蕊;胚珠有 2 层珠被 ········ 紫金牛科 Myrsinaceae

·· (酸藤子属 *Embelia*)

256. 花两性;花萼于开花时微小,而不具明显的齿裂;花瓣多为镊合状排列;有不育雄蕊(有时代以蜜腺);胚珠无珠被。

257. 花萼于果时增大;子房的下部为 3 室,上部为 1 室,内含 3 个胚珠 ·············· 铁青树科 Olacaceae

·· (铁青树属 *Olax*)

257. 花萼于果时不增大;子房 1 室,内仅含 1 个胚珠 ········

·· 山柚子科 Opiliaceae

238. 成熟雄蕊和花瓣不同数,如同数则雄蕊与之互生。

258. 雌雄异株;雄蕊 8 个,不相同,其中 5 个较长,有伸出花外的花丝,且与花瓣互生,另 3 个则较短而藏于花内;灌木或灌木状草本;互生或对生单叶;心皮单生;雌花无花被,无梗,贴生于宽圆形的叶状苞片上 ········ 漆树科 Anacardiaceae

·· (九子母属 *Dobinea*)

258. 花两性或单性,即使为雌雄异株,其雄花中也无上述情形的雄蕊。

259. 花萼或其筒部和子房略有些连合。(次 259 项见 101 页)

260. 每子房室内含胚珠或种子 2 个至多数。

261. 花药以顶端孔裂开;草本或木本植物;叶对生或轮生,大都于叶片基部具 3～9 脉 ···················· 野牡丹科 Melastomataceae

261. 花药纵长裂开。

262. 草本或亚灌木;有时为攀缘性。

263. 具卷须的攀缘草本;花单性 ··············· 葫芦科 Cucurbitaceae

263. 无卷须的植物;花常两性。

264. 萼片或花萼裂片 2 片;植物体多少肉质而多水分 ···········

·· 马齿苋科 Portulacaceae

·· (马齿苋属 *Portulaca*)

264. 萼片或花萼裂片 4～5 片;植物体常不为肉质。

265. 花萼裂片呈覆瓦状或镊合状排裂;花柱 2 个或更多;种子具胚乳 ·············· 虎耳草科 Saxifragaceae

265. 花萼裂片呈镊合状排裂;花柱 1 个,具 2～4 裂,或为 1 呈头状的柱头,种子无胚乳 ············· 柳叶菜科 Onagraceae

262. 乔木或灌木,有时为攀缘性。

266. 叶互生。

267. 花数朵至多数,呈头状花序;常绿乔木;叶革质,全缘或具浅裂

·· 金缕梅科 Hamamelidaceae

267. 花呈总状或圆锥花序。

268. 灌木;叶为掌状分裂,基部具 3～5 脉;子房 1 室,有多数胚珠;浆果 ……………………………… 虎耳草科 Saxifragaceae …………………………………………………………（茶藨子属 *Ribes*）

268. 乔木或灌木,叶缘有锯齿或细锯齿,有时全缘,具羽状脉;子房 3～5 室,每室内含 2 个至数个胚珠,或在山茉莉属 *Huodendron* 为多数;干燥或木质核果,或蒴果,有时具棱角或有翅 ……………………………… 安息香科 Styracaceae

266. 叶常对生(使君子科的榄李属 *Lumnitzera* 例外,同科的风车子属 *Combretum* 叶有时可为互生,或互生与对生共存于一枝)。

269. 胚珠多数,除冠盖藤属 *Pileostegia* 自子房室顶端垂悬外,均位于侧膜或中轴胎座上;浆果或蒴果;叶缘有锯齿或全缘,但均无托叶;种子含胚乳 ……………………… 虎耳草科 Saxifragaceae

269. 胚珠 2 个至数个,近于子房顶端垂悬;叶全缘或有圆锯齿;果实多不裂开,内有种子 1 个至数个。

270. 乔木或灌木,常为蔓生,无托叶,不为形成海岸林的组成分子(榄李属 *Lumnitzera* 例外);种子无胚乳,落地后始萌芽 …………………………………………………… 使君子科 Combretaceae

270. 常绿灌木或小乔木,具托叶;多为形成海岸林的主要组成分子,种子常有胚乳,在落地前即萌芽(胎生)…………………………………………………………… 红树科 Rhizophoraceae

260. 每子房室内仅含胚珠或种子 1 个。

271. 果实裂开为 2 个干燥的离果,并悬于同一果梗上,花序常为伞形花序(在变豆菜属 *Sanicula* 及鸭儿芹属 *Cryptotaenia* 中为不规则的花序,在刺芹属 *Eryngium* 中则为头状花序)……… 伞形科 Umbelliferae

271. 果实不裂开或裂开而不属上述情形的;花序可为各种型式。

272. 草本植物。

273. 花柱或柱头 2～4 个;种子具胚乳;果实为小坚果或核果,具棱角或有翅 ……………………… 小二仙草科 Haloragidaceae

273. 花柱 1 个,具有 1 头状或呈 2 裂瓣的柱头;种子无胚乳。

274. 陆生草本植物,具对生叶;花为二出数;果实为具钩状翅毛的坚果 …………………………… 柳叶菜科 Onagraceae ……………………………………………………………（露珠草属 *Circaea*）

274. 水生草本植物,有聚生而漂浮水面的叶片;花为四出数;果实为具 2～4 翅的坚果(栽培种果实可无显著的翅)…… 菱科 Trapaceae …………………………………………………………（菱属 *Trapa*）

272. 木本植物。

275. 果实干燥或为蒴果状。

    276. 子房 2 室;花柱 2 个 ·············· 金缕梅科 Hamamelidaceae

    276. 子房 1 室;花柱 1 个。

        277. 花序伞房状或圆锥状 ·········· 莲叶桐科 Hernandiaceae

        277. 花序头状 ······························ 珙桐科 Nyssaceae

        ·································· (喜树属 *Camptotheca*)

275. 果实核果状或浆果状。

    278. 叶互生或对生;花瓣呈镊合状排列;花序有各种型式,但稀为伞状或头状,有时可生于叶片上。

        279. 花瓣 3～5 片,卵形或披针形;花药短 ····· 山茱萸科 Cornaceae

        279. 花瓣 4～10 片,狭窄形并向外翻转;花药细长 ··········

        ························ 八角枫科 Alangiaceae

        ······························ (八角枫属 *Alangium*)

    278. 叶互生;花瓣呈覆瓦状或镊合状排列;花序常为伞状或头状。

        280. 子房 1 室;花柱 1 个;花杂性兼雌雄异株,雌花单生或以少数朵至数朵聚生,雄花多数,腋生为有花梗的簇丛 ··········

        ························ 珙桐科 Nyssaceae

        ································ (蓝果树属 *Nyssa*)

        280. 子房 2 室或更多室;花柱 2～5 个,如子房为 1 室而具 1 花柱(例如马蹄参属 *Diplopanax*),则花两性,形成顶生类似穗状的花序 ·············· 五加科 Araliaceae

259. 花萼和子房相分离。

  281. 叶片中有透明微点。

    282. 花整齐,稀可两侧对称;果实不为荚果 ············· 芸香科 Rutaceae

    282. 花整齐或不整齐;果实为荚果 ········· 豆科 Leguminosae

  281. 叶片中无透明微点。

    283. 雌蕊 2 个或更多,互相分离或仅有局部连合;也可子房分离而花柱连合成 1 个。(次 283 项见 103 页)

    284. 多水分的草本;具肉质的茎及叶 ············· 景天科 Crassulaceae

    284. 植物体为其他情形。

        285. 花为周位花。

        286. 花的各部分呈螺旋状排列,萼片逐渐变为花瓣,雄蕊 5 或 6 个,雌蕊多数 ············· 蜡梅科 Calycanthaceae

        ························ (蜡梅属 *Chimonanthus*)

        286. 花的各部分呈轮状排列,萼片和花瓣甚有分化。

        287. 雌蕊 2～4 个,各有多数胚珠;种子有胚乳;无托叶 ··········

‥‥‥‥‥‥‥‥‥‥‥‥‥‥‥‥‥‥‥‥‥ 虎耳草科 Saxifragaceae

287. 雌蕊 2 个至多数,各有 1 个至数个胚珠;种子无胚乳,有或无托叶 ‥‥‥‥‥‥‥‥‥‥‥‥‥‥‥‥ 蔷薇科 Rosaceae

285. 花为下位花,或在悬铃木科中微呈周位。

288. 草本或亚灌木。

289. 各子房的花柱互相分离。

290. 叶常互生或基生,略有些分裂;花瓣具脱落性,较萼片大,或于天葵属 *Semiaquilegia* 稍小于呈花瓣状的萼片 ‥‥‥‥‥‥‥‥‥‥‥‥‥‥‥‥‥‥‥‥‥ 毛茛科 Ranunculaceae

290. 叶对生或轮生,为全缘单叶;花瓣宿存,较萼片小 ‥‥‥‥‥‥‥‥‥‥‥‥‥‥‥‥‥‥‥‥ 马桑科 Coriariaceae
‥‥‥‥‥‥‥‥‥‥‥‥‥‥‥‥ (马桑属 *Coriaria*)

289. 各子房合聚于共同的花柱或柱头;叶为羽状复叶;花为五出数;花萼宿存;花中有与花瓣互生的腺体;雄蕊 10 个 ‥‥‥‥‥‥‥‥‥‥‥‥‥‥‥ 牻牛儿苗科 Geraniaceae
‥‥‥‥‥‥‥‥‥‥‥‥‥ (熏倒牛属 *Biebersteinia*)

288. 乔木、灌木或木本的攀缘植物。

291. 叶为单叶。

292. 叶对生或轮生 ‥‥‥‥‥‥‥‥ 马桑科 Coriariaceae
‥‥‥‥‥‥‥‥‥‥‥‥‥‥‥‥ (马桑属 *Coriaria*)

292. 叶互生。

293. 叶具脱落性,具掌状脉;叶柄基部扩张成帽状以覆盖腋芽 ‥‥‥‥‥‥‥‥ 悬铃木科 Platanaceae
‥‥‥‥‥‥‥‥‥‥‥‥‥‥‥ (悬铃木属 *Platanus*)

293. 叶为常绿性或脱落性,具羽状脉。

294. 雌蕊 7 个至多数(稀可少至 5 个);直立或缠绕性灌木;花两性或单性 ‥‥‥‥‥‥ 木兰科 Magnoliaceae

294. 雄蕊 4～6 个;乔木或灌木;花两性。

295. 子房 5 或 6 个,以共同的花柱而连合,各子房均可成熟为核果 ‥‥‥‥‥‥‥‥ 金莲木科 Ochnaceae
‥‥‥‥‥‥‥‥‥‥‥‥‥ (赛金莲木属 *Gomphia*)

295. 子房 4～6 个,各具 1 花柱,仅有 1 子房可成熟为核果 ‥‥‥‥‥‥‥ 漆树科 Anacardiaceae
‥‥‥‥‥‥‥‥‥‥‥‥‥ (山橉子属 *Buchanania*)

291. 叶为复叶。

296. 叶对生 ‥‥‥‥‥‥‥‥‥‥ 省沽油科 Staphyleaceae

296．叶互生。

297．木质藤本；叶为掌状复叶或三出复叶 ……………………
……………………………… 木通科 Lardizabalaceae

297．乔木或灌木(有时在牛栓藤科中有缠绕性者)；叶为羽状
复叶。

298．果实为 1 含多种子的浆果，状似猫屎 …………………
……………………………… 木通科 Lardizabalaceae
……………………………（猫儿屎属 Decaisnea）

298．果实为其他情形。

299．果实为蓇葖果 ………… 牛栓藤科 Connaraceae

299．果实为离果，或在臭椿属 Ailanthus 中为翅果 …
……………………………… 苦木科 Simaroubaceae

283．雌蕊 1 个，或至少其子房为 1 个。

300．雌蕊或子房确是单纯的，仅 1 室。

301．果实为核果或浆果。

302．花为三出数，稀可二出数；花药以舌瓣裂开 ……… 樟科 Lauraceae

302．花为五出或四出数；花药纵长裂开。

303．落叶具刺灌木；雄蕊 10 个，周位，均可发育 …………………
……………………………………………… 蔷薇科 Rosaceae
……………………………………………（扁核木属 Prinsepia）

303．常绿乔木；雄蕊 1～5 个，下位，常仅其中 1 或 2 个可发育
……………………………………………… 漆树科 Anacardiaceae
……………………………………………（杧果属 Mangifera）

301．果实为蓇葖果或荚果。

304．果实为蓇葖果。

305．落叶灌木；叶为单叶；蓇葖果内含 2 个至数个种子 …………
……………… 蔷薇科 Rosaceae(绣线菊亚科 Spiraeoideae)

305．常为木质藤本；叶多为单数复叶或具 3 小叶，有时因退化而
只有 1 小叶；蓇葖果内仅含 1 个种子 …………………
……………………………………………… 牛栓藤科 Connaraceae

304．果实为荚果 ………………… 豆科 Leguminosae

300．雌蕊或子房并非单纯者，有 1 个以上的子房室或花柱、柱头、胎座等
部分。

306．子房 1 室或因有假隔膜而成 2 室，有时下部 2～5 室，上部 1 室。
（次 306 项见 106 页）

307．花下位，花瓣 4 片，稀可更多。

308. 萼片 2 片 ⋯⋯⋯⋯⋯⋯⋯⋯⋯⋯ 罂粟科 Papaveraceae
308. 萼片 4～8 片。
　309. 子房柄常细长,呈线状 ⋯⋯⋯⋯ 白花菜科 Capparidaceae
　309. 子房柄极短或不存在。
　　310. 子房为 2 个心皮连合而成,常具 2 子房室及 1 假隔膜
　　　⋯⋯⋯⋯⋯⋯⋯⋯⋯⋯⋯⋯⋯ 十字花科 Cruciferae
　　310. 子房为 3～6 个心皮连合而成,仅 1 子房室。
　　　311. 叶对生,微小,耐寒旱;花为辐射对称;花瓣完整,具瓣
　　　　爪,其内侧有舌状的鳞片附属物 ⋯⋯⋯⋯⋯⋯⋯⋯
　　　　⋯⋯⋯⋯⋯⋯⋯⋯⋯ 瓣鳞花科 Frankeniaceae
　　　　⋯⋯⋯⋯⋯⋯⋯⋯⋯ (瓣鳞花属 *Frankenia*)
　　　311. 叶互生,显著,不耐寒旱;花为两侧对称;花瓣常分裂,
　　　　但其内侧并无舌状的鳞片附属物 ⋯⋯⋯⋯⋯⋯⋯⋯
　　　　⋯⋯⋯⋯⋯⋯⋯⋯⋯⋯⋯ 木犀草科 Resedaceae
307. 花周位或下位,花瓣 3～5 片,稀可 2 片或更多。
　312. 每子房内仅有胚珠 1 个。
　　313. 乔木,或稀为灌木;叶常为羽状复叶。
　　　314. 叶常为羽状复叶,具托叶及小托叶 ⋯⋯⋯⋯⋯⋯⋯⋯
　　　　⋯⋯⋯⋯⋯⋯⋯⋯⋯⋯⋯ 省沽油科 Staphyleaceae
　　　　⋯⋯⋯⋯⋯⋯⋯⋯⋯⋯⋯ (银鹊树属 *Tapiscia*)
　　　314. 叶为羽状复叶或单叶,无托叶及小托叶 ⋯⋯⋯⋯⋯⋯
　　　　⋯⋯⋯⋯⋯⋯⋯⋯⋯⋯ 漆树科 Anacardiaceae
　　313. 木本或草本;叶为单叶。
　　　315. 通常均为木本,稀可在樟科的无根藤属 *Cassytha* 为缠
　　　　绕性寄生草本;叶常互生,无膜质托叶。
　　　　316. 乔木或灌木;无托叶;花为三出数或二出数,萼片和花
　　　　　瓣同形,稀可花瓣较大;花药以舌瓣裂开;浆果或核果
　　　　　⋯⋯⋯⋯⋯⋯⋯⋯⋯⋯⋯ 樟科 Lauraceae
　　　　316. 蔓生的灌木,茎为合轴型,具钩状的分枝;托叶小而早
　　　　　落;花为五出数,萼片和花瓣不同形,前者于结实时增
　　　　　大成翅状;花药纵长裂开;坚果 ⋯⋯⋯⋯⋯⋯⋯⋯⋯
　　　　　⋯⋯⋯⋯⋯⋯⋯⋯ 钩枝藤科 Ancistrocladaceae
　　　　　⋯⋯⋯⋯⋯⋯⋯⋯ (钩枝藤属 *Ancistrocladus*)
　　　315. 草本或亚灌木;叶互生或对生,具膜质托叶 ⋯⋯⋯⋯⋯
　　　　⋯⋯⋯⋯⋯⋯⋯⋯⋯⋯⋯ 蓼科 Polygonaceae
　312. 每子房室内有胚珠 2 个至多数。

317. 乔木、灌木或木质藤本。

  318. 花瓣及雄蕊均着生于花萼上 …… 千屈菜科 Lythraceae

  318. 花瓣及雄蕊均着生于花托上(或于西番莲科中雄蕊着生于子房柄上)。

    319. 核果或翅果,仅有 1 种子。

      320. 花萼具显著的 4 或 5 裂片或裂齿,微小而不能长大 …………………………………… 茶茱萸科 Icacinaceae

      320. 花萼呈截平头或具不明显的萼齿,微小,但能在果实上增大 …………… 铁青树科 Olacaceae …………………………………… (铁青树属 *Olax*)

    319. 蒴果或浆果,内有 2 个至多数种子。

      321. 花两侧对称。

        322. 叶为二回至三回羽状复叶;雄蕊 5 个 ……………………………… 辣木科 Moringaceae ……………………………… (辣木属 *Moringa*)

        322. 叶为全缘的单叶;雄蕊 8 个 ……………… 远志科 Polygalaceae

      321. 花辐射对称;叶为单叶或掌状分裂。

        323. 花瓣具有直立且常彼此衔接的瓣爪 …………… 海桐花科 Pittosporaceae ……………………… (海桐花属 *Pittosporum*)

        323. 花瓣不具细长的瓣爪。

          324. 具耐寒旱性,有鳞片状或细长形的叶片;花无小苞片 ……………… 柽柳科 Tamaricaceae

          324. 不具耐寒旱性,具有较宽大的叶片。

            325. 花两性。

              326. 花萼和花瓣不甚分化,且前者较大 …… 大风子科 Flacourtiaceae … (红子木族 *Trib. Erythrospermeae*)

              326. 花萼和花瓣很有分化,前者很小 ……… …………………………… 堇菜科 Violaceae …………………………… (三角车属 *Rinorea*)

            325. 雌雄异株或花杂性。

              327. 乔木;花的每一花瓣基部各具位于内方的 1 片鳞片;无子房柄…………………… ………………… 大风子科 Flacourtiaceae

·················（大风子属 Hydnocarpus）

  327. 多为具卷须的攀缘灌木；花常具 1 个由 5 鳞片所成的副冠，各鳞片和萼片对生；有子房柄·········· 西番莲科 Passifloraceae

·················（蒴莲属 Adenia）

317. 草本或亚灌木。

  328. 胎座位于子房室的中央或基底。

    329. 花瓣着生于花萼的喉部 ········ 千屈菜科 Lythraceae

    329. 花瓣着生于花托上。

      330. 萼片 2 片；叶互生，稀可对生 ·············

·················马齿苋科 Portulacaceae

      330. 萼片 5 或 4 片，叶对生 ··· 石竹科 Caryophyllaceae

  328. 胎座为侧膜胎座。

    331. 食虫植物，具生有腺体刚毛的叶片 ·············

·················茅膏菜科 Droseraceae

    331. 非为食虫植物，也无生有腺体毛茸的叶片。

      332. 花两侧对称。

        333. 花有一位于前方的距状物；蒴果 3 瓣裂开 ······

····················· 堇菜科 Violaceae

        333. 花有一位于后方的大型花盘；蒴果仅于顶端裂开

·················木犀草科 Resedaceae

      332. 花整齐或近于整齐。

        334. 具耐寒旱性；花瓣内侧各有 1 舌状的鳞片 ······

·················瓣鳞花科 Frankeniaceae

·················（瓣鳞花属 Frankenia）

        334. 不具耐寒旱性；花瓣内侧无鳞片的舌状附属物。

          335. 花中有副冠及子房柄 ·············

·················西番莲科 Passifloraceae

·················（西番莲属 Passiflora）

          335. 花中无副冠及子房柄 ·············

·················虎耳草科 Saxifragaceae

306. 子房 2 室或更多室。

  336. 花瓣形状彼此极不相等。

    337. 子房室内有数个至多数胚珠。

      338. 子房 2 室 ·············· 虎耳草科 Saxifragaceae

      338. 子房 5 室 ····· 凤仙花科 Balsaminaceae

337. 每子房室内仅有 1 个胚珠。

 339. 子房 3 室;雄蕊离生;叶盾状,叶缘具棱角或波纹 ………
  …………………………………… 旱金莲科 Tropaeolaceae
  ……………………………………（旱金莲属 *Tropaeolum*）

 339. 子房 2 室(稀可 1 室或 3 室);雄蕊连合为一单体;叶不呈
  盾状,全缘 …………………………… 远志科 Polygalaceae

336. 花瓣形状彼此相等或微有不等,且有时花也可为两侧对称。

340. 雄蕊数和花瓣既不相等,也非其倍数。

 341. 叶对生。

  342. 雄蕊 4～10 个,常 8 个。

   343. 蒴果 ………………… 七叶树科 Hippocastanaceae

   343. 翅果 …………………… 槭树科 Aceraceae

  342. 雄蕊 2 或 3 个,也稀可 4 或 5 个。

   344. 萼片及花瓣均为出数;雄蕊多为 3 个 …………
    ………………………… 翅子藤科 Hippocrateaceae

   344. 萼片及花瓣均常为四出数;雄蕊 2 个,稀可 3 个 ……
    ……………………………………… 木犀科 Oleaceae

 341. 叶互生。

  345. 叶为单叶,多全缘,或在油桐属 *Vernicia* 中可具 3～7 裂
   片;花单性 ………………… 大戟科 Euphorbiaceae

  345. 叶为单叶或复叶;花两性或杂性。

   346. 萼片为镊合状排列;雄蕊连成单体 …………………
    ………………………………… 梧桐科 Sterculiaceae

   346. 萼片为覆瓦状排列;雄蕊离生。

    347. 子房 4 室或 5 室,每子房室内有 8～12 个胚珠;种
     子具翅 ………………………… 楝科 Meliaceae
     ………………………………（香椿属 *Toona*）

    347. 子房常 3 室,每子房室内有 1 个至数个胚珠;种子
     无翅。

     348. 花小型或中型,下位,萼片互相分离或微有连合
      ………………………… 无患子科 Sapindaceae

     348. 花大型,美丽,周位,萼片互相连合成一钟形的
      花萼 ………………… 钟萼木科 Bretschneideraceae
      ………………………（钟萼木属 *Bretschneidera*）

340. 雄蕊数或花瓣数相等,或为其倍数。

 349. 每子房室内有胚珠或种子 3 个至多数。

350. 叶为复叶。

 351. 雄蕊连合为单体 ·············· 酢浆草科 Oxalidaceae

 351. 雄蕊彼此互相分离。

  352. 叶互生。

   353. 叶为二回至三回的三出数,或为掌状叶 ·········

    ·············· 虎耳草科 Saxifragaceae

    ·············· (落新妇亚族 Astilbinae)

   353. 叶为一回羽状复叶 ·············· 楝科 Meliaceae

    ·············· (香椿属 Toona)

  352. 叶对生。

   354. 叶为双数羽状复叶 ····· 蒺藜科 Zygophyllaceae

   354. 叶为单数羽状复叶 ····· 省沽油科 Staphyleaceae

350. 叶为单叶。

 355. 草本或亚灌木。

  356. 花周位;花托略有中空。

   357. 雌蕊着生于杯状花托的边缘 ·····················

    ·············· 虎耳草科 Saxifragaceae

   357. 雌蕊着生于杯状或管状花萼(或即花托)的内侧

    ·············· 千屈菜科 Lythraceae

  356. 花下位;花托常扁平。

   358. 叶对生或轮生,常全缘。

    359. 水生或沼泽草本,有时(例如田繁缕属 Bergia)

     为亚灌木;有托叶 ····· 沟繁缕科 Elatinaceae

    359. 陆生草本;无托叶 ··· 石竹科 Caryophyllaceae

   358. 叶互生或基生;稀可对生,边缘有锯齿,或叶退化

    为无绿色组织的鳞片。

    360. 草本或亚灌木,有托叶;萼片呈镊合状排列,具

     脱落性 ·············· 椴树科 Tiliaceae

     ····· (黄麻属 Corchorus,田麻属 Corchoropsis)

    360. 多年生常绿草本,或为死物寄生植物而无绿色

     组织;无托叶;叶片呈覆瓦状排列,宿存性 ···

     ·············· 鹿蹄草科 Pyrolaceae

 355. 草本植物。

  361. 花瓣常有彼此衔接或其边缘互相依附的柄状瓣爪

   ·············· 海桐花科 pittosporaceae

   ·············· (海桐花属 Pittosporum)

361. 花瓣无瓣爪，或仅具互相分离的细长柄瓣爪。

362. 花托空凹；萼片呈镊合状或覆瓦状排列。

363. 叶互生，边缘有锯齿，常绿性 ……………………
………………… 虎耳草科 Saxifragaceae
………………………………… （鼠刺属 *Itea*）

363. 叶对生或互生，全缘，脱落性。

364. 子房 2～6 室，仅具 1 个花柱；胚珠多数，着生
于中轴胎座上 ……… 千屈菜科 Lythraceae

364. 子房 2 室，具 2 花柱；胚珠数个，垂悬于中轴
胎座上 ……… 金缕梅科 Hamamelidaceae
……………………… （双花木属 *Disanthus*）

362. 花托扁平或微凸起；萼片呈覆瓦状，或于杜英科
中呈镊合状排列。

365. 花为四出数；果实呈浆果状或核果状；花药纵
长裂开或顶端舌瓣裂开。

366. 穗状花序腋生于当年新枝上；花瓣先端具齿裂
………… 杜英科 Elaeocarpaceae
………………… （杜英属 *Elaeocarpus*）

366. 穗状花序腋生于昔年老枝上；花瓣完整 …
……… 旌节花科 Stachyuraceae
………………… （旌节花属 *Stachyurus*）

365. 花为五出数；果实呈蒴果状；花药顶端孔裂。

367. 花粉粒单纯；子房 3 室 … 山柳科 Clethraceae
………………… （山柳属 *Clethra*）

367. 花粉粒复合，成为四合体；子房 5 室 ………
………………… 杜鹃花科 Ericaceae

349. 每子房室内有胚珠或种子 1 或 2 个。

368. 草本植物，有时基部呈灌木状。

369. 花单性、杂性，或雌雄异株。

370. 具卷须的藤本；叶为二回三出复叶 …………
………………… 无患子科 Sapindaceae
………………… （倒地铃属 *Cardiospermum*）

370. 直立草本或亚灌木；叶为单叶 …………
………………… 大戟科 Euphorbiaceae

369. 花两性。

371. 萼片呈镊合状排列；果实有刺 …………

······························ 椴树科 Tiliaceae

························· （刺蒴麻属 *Triumfetta*）

371. 萼片呈覆瓦状排列；果实无刺。

  372. 雄蕊彼此分离；花柱互相连合 ··················

························· 牻牛儿苗科 Geraniaceae

  372. 雄蕊互相连合；花柱彼此分离 ··················

······························ 亚麻科 Linaceae

368. 木本植物。

  373. 叶肉质，通常仅为 1 对小叶所组成的复叶 ············

························ 蒺藜科 Zygophyllaceae

  373. 叶为其他情形。

    374. 叶对生，果实为 1～3 个翅果组成。

      375. 花瓣细裂或齿裂；每个果实有 3 个翅果 ·········

························· 金虎尾科 Malpighiaceae

      375. 花瓣全缘；每个果实具 2 个或连合为 1 个的翅果

······························ 槭树科 Aceraceae

    374. 叶互生，如为对生，则果实不为翅果。

      376. 叶为复叶，或稀可为单叶而有具翅的果实。

        377. 雄蕊连为单体。

          378. 萼片及花瓣均为三出数；花药 6 个，花丝生
于雄蕊管的口部 ······ 橄榄科 Burseraceae

          378. 萼片及花瓣均为四出数至六出数；花药 8～
12 个，无花丝，直接着生于雄蕊管的喉部或
裂齿之间 ··················· 楝科 Meliaceae

        377. 雄蕊各自分开。

          379. 叶为单叶；果实为具 3 翅而其内仅有 1 个种
子的小坚果 ·········· 卫矛科 Celastraceae

·················· （雷公藤属 *Tripterygium*）

          379. 叶为复叶；果实无翅。

            380. 花柱 3～5 个；叶常互生，脱落性 ········

··················· 漆树科 Anacardiaceae

            380. 花柱 1 个；叶互生或对生。

              381. 叶为羽状复叶，互生，常绿性或脱落性；
果实有各种类型 ··················

··························· 无患子科 Sapindaceae

              381. 叶为掌状复叶，对生，脱落性；果实为蒴果

·········· 七叶树科 Hippocastanaceae

376. 叶为单叶;果实无翅。

382. 雄蕊连成单体,如为 2 轮,至少其内轮者如此,
有时其花药无花丝(例如大戟科的三宝木属
Trigonostemon)。

383. 花两性;萼片或花萼裂片 2～6 片,呈镊合状
或覆瓦状排列 ······ 大戟科 Euphorbiaceae

383. 花两性;萼片 5 片,呈覆瓦状排列。

384. 果实呈蒴果状;子房 3～5 室,各室均可
成熟 ········· 亚麻科 Linaceae

384. 果实呈核果状;子房 3 室,其中的 2 室大
多为不孕性,仅另 1 室可成熟而有 1 或 2
个胚珠 ········ 古柯科 Erythroxylaceae
················· (古柯属 *Erythroxylum*)

382. 雄蕊各自分离,有时在毒鼠子科中和花瓣相连
合而形成 1 管状物。

385. 果实呈蒴果状。

386. 叶互生或稀可对生;花下位。

387. 叶脱落性或常绿性;花单性或两性;子
房 3 室,稀可 2 或 4 室,有时可多至 15
室(例如算盘子属 *Glochidion*) ······
················ 大戟科 Euphorbiaceae

387. 叶常绿性;花两性;子房 5 室·········
·········· 五列木科 Pentaphylacaceae
·············· (五列木属 *Pentaphylax*)

386. 叶对生或互生;花周位 ···········
················· 卫矛科 Celastraceae

385. 果呈核果状,有时木质化,或呈浆果状。

388. 种子无胚乳,胚体肥大而多肉质。

389. 雄蕊 10 个······ 蒺藜科 Zygophyllaceae

389. 雄蕊 4 或 5 个。

390. 叶互生;花瓣 5 片,各 2 裂或成 2 部分
·········· 毒鼠子科 Dichapetalaceae
········· (毒鼠子属 *Dichapetalum*)

390. 叶对生;花瓣 4 片,均完整·········
·········· 刺茉莉科 Salvadoraceae

　　　　　　　　　　　　……（刺茉莉属 *Azima*）

388. 种子有胚乳,胚乳有时很小。

　　391. 具耐寒旱性;花单性,三出或二出数 …

　　　　……………… 岩高兰科 Empetraceae

　　　　……………… （岩高兰属 *Empetrum*）

　　391. 植物体为普通形状;花两性或单性,五出或四出数。

　　　392. 花瓣呈镊合状排列。

　　　　393. 雄蕊和花瓣同数 ………………

　　　　　　………… 茶茱萸科 Icacinaceae

　　　　393. 雄蕊为花瓣的倍数。

　　　　　394. 枝条无刺,而有对生的叶片 …

　　　　　　…… 红树科 Rhizophoraceae

　　　　　　…… （红树属 *Rhizophora*）

　　　　　394. 枝条有刺,且有互生的叶片 …

　　　　　　………… 铁青树科 Olacaceae

　　　　　　………… （海檀木属 *Ximenia*）

　　　392. 花瓣呈覆瓦状排列,或在大戟科的小盘木属 *Microdesmis* 中为扭转兼覆瓦状排列。

　　　　395. 花单性,雌雄异株;花瓣较小于萼片

　　　　　………… 大戟科 Euphorbiaceae

　　　　　……… （小盘木属 *Microdesmis*）

　　　　395. 花两性或单性,花瓣较大于萼片。

　　　　　396. 落叶攀缘灌木;雄蕊 10 个;子房5 室,每室内有胚珠 2 个 ……

　　　　　　……… 猕猴桃科 Actinidiaceae

　　　　　　…… （藤山柳属 *Clematoclethra*）

　　　　　396. 多为常绿乔木或灌木;雄蕊 4 或5 个。

　　　　　　397. 花下位,雌雄异株或杂性,无花盘 …… 冬青科 Aquifoliaceae

　　　　　　……………… （冬青属 *Ilex*）

　　　　　　397. 花周位,两性或杂性;有花盘

　　　　　　……… 卫矛科 Celastraceae

　　　　　　… （福木亚科 Cassinoideae）

160. 花冠为略有些连合的花瓣所组成。

398. 成熟雄蕊或单体雄蕊的花药数多于花冠裂片。（次 398 项见 114 页）

399. 心皮 1 个至数个,互相分离或大致分离。

400. 叶为单叶或有时可为羽状分裂,对生,肉质 ·········· 景天科 Crassulaceae

400. 叶为二回羽状复叶,互生,不呈肉质 ·········· 豆科 Leguminosae

·········· （含羞草亚科 Mimosoideae）

399. 心皮 2 个或更多,连合成复合性子房。

401. 雌雄同株或异株,有时为杂性。

402. 子房 1 室;无分枝而呈棕榈状的小乔木 ·········· 番木瓜科 Caricaceae

·········· （番木瓜属 Carica）

402. 子房 2 室至多室;具分枝的乔木或灌木。

403. 雄蕊连成单体,或至少内层者如此,蒴果 ······ 大戟科 Euphorbiaceae

·········· （麻疯树属 Jatropha）

403. 雄蕊各自分离;浆果 ·········· 柿树科 Ebenaceae

401. 花两性。

404. 花瓣连成盖状物,或花萼裂片均可合成为 1 或 2 层的盖状物。

405. 叶为单叶,具有透明微点 ·········· 桃金娘科 Myrtaceae

405. 叶为掌状复叶,无透明微点 ·········· 五加科 Araliaceae

·········· （多蕊木属 Tupidanthus）

404. 花瓣及花萼裂片均不连成盖状物。

406. 每子房室中有 3 个至多数胚珠。

407. 雄蕊 5～10 个或其数不超过花冠裂片的 2 倍,稀可在野茉莉科的银钟花属 Halesia 达 16 个,而为花冠裂片的 4 倍。

408. 雄蕊连成单体或其花丝于基部互相连合;花药纵裂;花粉粒单生。

409. 叶为复叶;子房上位;花柱 5 个 ·········· 酢浆草科 Oxalidaceae

409. 叶为单叶;子房下位或半下位;花柱 1 个;乔木或灌木,常有星状毛

·········· 安息香科 Styracaceae

408. 雄蕊各自分离;花药顶端孔裂;花粉粒四合型 ····· 杜鹃花科 Ericaceae

407. 雄蕊为不定数。

410. 萼片和花瓣常各为多数,而无显著的区分;子房下位;植物体肉质,绿色,常具棘针,其叶退化 ·········· 仙人掌科 Cactaceae

410. 萼片和花瓣常各为 5 片,而有显著的区分,子房上位。

411. 萼片呈镊合状排列;雄蕊连成单体 ·········· 锦葵科 Malvaceae

411. 萼片呈显著的覆瓦状排列。

412. 雄蕊连成 5 束,且每束着生于 1 花瓣的基部;花药顶端孔裂开;浆果 ·········· 猕猴桃科 Actinidiaceae

················· （水东哥属 *Saurauia*）

412. 雄蕊的基部连成单体；花药纵长裂开；蒴果 ····· 山茶科 Theaceae

················· （紫茎属 *Stewartia*）

406. 每子房室中常仅有 1 或 2 个胚珠。

413. 花萼中的 2 片或更多片于结实时能长大成翅状 ···············

··············· 龙脑香科 Dipterocarpaceae

413. 花萼片上无上述变大的情形。

414. 植物体常有星状毛茸 ············· 安息香科 Styracaceae

414. 植物体无星状毛茸。

415. 子房下位或半下位；果实歪斜 ········· 山矾科 Symplocaceae

··············· （山矾属 *Symplocos*）

415. 子房上位。

416. 雄蕊互相连合为单体；果实成熟时分裂为离果

··············· 锦葵科 Malvaceae

416. 雄蕊各自分离；果实不是离果。

417. 子房 1 或 2 室；蒴果 ············· 瑞香科 Thymelaeaceae

··············· （沉香属 *Aquilaria*）

417. 子房 6～8 室；浆果 ········· 山榄科 Sapotaceae

··············· （紫荆木属 *Madhuca*）

398. 成熟雄蕊并不多于花冠裂片，或有时因花丝的分裂而可过之。

418. 雄蕊和花冠裂片为同数且对生。

419. 植物体内有乳汁 ················· 山榄科 Sapotaceae

419. 植物体内不含乳汁。

420. 果实内有数个至多数种子。

421. 乔木或灌木；果实呈浆果状或核果状 ········· 紫金牛科 Myrsinaceae

421. 草本；果实成蒴果状 ············· 报春花科 Primulaceae

420. 果实内仅有 1 个种子。

422. 子房下位或半下位。

423. 乔木或攀缘性灌木；叶互生 ········· 铁青树科 Olacaceae

423. 常为半寄生性灌木；叶对生 ········· 桑寄生科 Loranthaceae

422. 子房上位。

424. 花两性。

425. 攀缘性草本；萼片 2；果为肉质宿存花萼所包围 ····· 落葵科 Basellaceae

··············· （落葵属 *Basella*）

425. 直立草本或亚灌木，有时为攀缘性；萼片或萼裂片 5；果为蒴果或瘦果，不为花萼所包围 ················· 蓝雪科 Plumbaginaceae

424. 花单性,雌雄异株;攀缘性灌木。

 426. 雄蕊连合成单体;雌蕊单纯性 ………… 防己科 Menispermaceae

  …………………………………… (锡生藤亚族 Cissampelinae)

 426. 雄蕊各自分离;雌蕊复合性 ………… 茶茱萸科 Icacinaceae

  …………………………………………… (微花藤属 *Iodes*)

418. 雄蕊和花冠裂片为同数且互生,或雄蕊数较花冠裂片少。

427. 子房下位。

 428. 植物体常以卷须攀缘或蔓生;胚珠及种子皆水平生于侧膜胎座上 ………

  ………………………………………………… 葫芦科 Cucurbitaceae

428. 植物体直立,如为攀缘时也无卷须;胚珠及种子并不为水平生长。

429. 雄蕊互相连合。

 430. 花整齐或两侧对称,呈头状花序,或在苍耳属 Xanthium 中,雌花序为

  仅含 2 花的果壳,其外生有钩状刺毛;子房 1 室,内仅有 1 个胚珠 …

  …………………………………………………… 菊科 Compositae

 430. 花多两侧对称,单生或呈总状或伞房花序;子房 2 或 3 室,内有多数

  胚珠。

  431. 花冠裂片呈镊合状排列;雄蕊 5 个,具分离的花丝及连合的花药

  ………………………………………… 桔梗科 Campanulaceae

  ……………………………………… (半边莲亚科 Lobeliaceae)

  431. 花冠裂片呈覆瓦状排列;雄蕊 2 个,具连合的花丝及分离的花药

  …………………………………………… 花柱草科 Stylidiaceae

  ……………………………………………… (花柱草属 *Stylidium*)

429. 雄蕊各自分离。

 432. 雄蕊和花冠相分离或近于分离。

  433. 花药顶端孔裂开;花粉粒连合成四合体;灌木或亚灌木 …………

  …………………………………………… 杜鹃花科 Ericaceae

  ……………………………………… (越桔亚科 Vaccinioideae)

  433. 花药纵长裂开,花粉粒单纯;多为草本。

  434. 花冠整齐;子房 2～5 室,内有多数胚珠 …… 桔梗科 Campanulaceae

  434. 花冠不整齐;子房 1～2 室,每子房内仅有 1 或 2 个胚珠 ………

  ………………………………………… 草海桐科 Goodeniaceae

 432. 雄蕊着生于花冠上。

  435. 雄蕊 4 或 5 个,与花冠裂片同数。

  436. 叶互生;每子房内有多数胚珠………… 桔梗科 Campanulaceae

  436. 叶对生或轮生;每子房内有 1 个至多数胚珠。

  437. 叶轮生,如为对生,则有托叶存在 ………… 茜草科 Rubiaceae

437. 叶对生,无托叶或稀可有明显的托叶。

  438. 花序多为聚伞花序 ·················· 忍冬科 Caprifoliaceae

  438. 花序为头状花序 ·················· 川续断科 Dipsacaceae

435. 雄蕊 1～4 个,其数较花冠裂片少。

 439. 子房 1 室。

  440. 胚珠多数,生于侧膜胎座上 ············ 苦苣苔科 Gesneriaceae

  440. 胚珠 1 个悬生于子房的顶端 ············ 川续断科 Dipsacaceae

 439. 子房 2 室或更多室,具中轴胎座。

  441. 子房 2～4 室,所有的子房室均可成熟;水生草本 ··········

   ··················· 胡麻科 Pedaliaceae

   ··················· (茶菱属 *Trapella*)

  441. 子房 3 室或 4 室,仅其中 1 室或 2 室可成熟。

   442. 落叶或常绿的灌木;叶片常全缘或边缘有锯齿 ··········

   ··················· 忍冬科 Caprifoliaceae

   442. 陆生草本;叶片常有很多分裂 ········ 败酱科 Valerianaceae

427. 子房上位。

 443. 子房深裂为 2～4 部分;花柱 1 个至数个,均自子房裂片之间伸出。

  444. 花冠两侧对称或稀可整齐;叶对生 ·········· 唇形科 Labiatae

  444. 花冠整齐;叶互生。

   445. 花柱 2 个;多年生匍匐性小草本;叶片呈圆肾形 ··········

   ··················· 旋花科 Convolvulaceae

   ··················· (马蹄金属 *Dichondra*)

   445. 花柱 1 个 ··················· 紫草科 Boraginaceae

 443. 子房完整或微有分裂,或为 2 个分离的心皮所组成;花柱自子房的顶端伸出。

  446. 雄蕊的花丝分裂。

   447. 雄蕊 2 个,各分为 3 裂 ·········· 罂粟科 Papaveraceae

   ··················· (紫堇亚科 Fumarioideae)

   447. 雄蕊 5 个,各分为 2 裂 ·········· 五福花科 Adoxaceae

   ··················· (五福花属 *Adoxa*)

  446. 雄蕊的花丝单纯。

   448. 花冠不整齐,常略有些呈二唇状。

    449. 成熟雄蕊 5 个。

     450. 雄蕊和花冠离生 ·········· 杜鹃花科 Ericaceae

     450. 雄蕊着生于花冠上 ·········· 紫草科 Boraginaceae

    449. 成熟雄蕊 2 或 4 个,退化雄蕊有时也可存在。

451. 每子房室内仅含 1 或 2 个胚珠(如为后一情形,也可在次 451 项检索)。

  452. 叶对生或轮生;雄蕊 4 个稀可 2 个;胚珠直立,稀可垂悬。

    453. 子房 2～4 室,共有 2 个或更多胚珠 …… 马鞭草科 Verbenaceae

    453. 子房 1 室,仅含 1 个胚珠 ……… 透骨草科 Phrymataceae

    ……………………………… (透骨草属 *Phryma*)

  452. 叶互生或基生;雄蕊 2 个或 4 个,胚珠悬垂;子房 2 室,每子房室内仅有 1 个胚珠 ……… 玄参科 Scrophulariaceae

451. 每子房室内有 2 个至多数胚珠。

  454. 子房 1 室,具侧膜胎座或中央胎座(有时可因侧膜胎座的深入而为 2 室)。

    455. 草本或木本植物,不具寄生性,也不具食虫性。

      456. 多为乔木或木质藤本;叶为单叶或复叶,对生或轮生,稀可互生,种子有翅,但无胚乳 ……… 紫葳科 Bignoniaceae

      456. 多为草本;叶为单叶,基生或对生;种子无翅,有或无胚乳 ………………………… 苦苣苔科 Gesneriaceae

    455. 草本植物,为寄生性或食虫性。

      457. 植物体寄生于其他植物的根部,而无绿叶存在;雄蕊 4 个;侧膜胎座 ……… 列当科 Orobanchaceae

      457. 植物体为食虫性,有绿叶存在;雄蕊 2 个;特立中央胎座;多为水生或沼泽植物,且有具距的花冠 ……………………………… 狸藻科 Lentibulariaceae

  454. 子房 2～4 室,具中轴胎座,或于角胡麻科中为子房 1 室而具侧膜胎座。

    458. 植物体常具分泌黏液的腺体毛茸;种子无胚乳或具一薄层胚乳。

      459. 子房最后成为 4 室;蒴果的果皮质薄而不延伸为长喙;油料植物 ……………… 胡麻科 Pedaliaceae

      ……………………………… (胡麻属 *Sesamum*)

      459. 子房 1 室;蒴果的内皮坚硬而成木质,延伸为钩状长喙;栽培花卉 ……… 角胡麻科 Martyniaceae

      ……………………………… (角胡麻属 *Martynia*)

    458. 植物体不具上述的毛茸;子房 2 室。

      460. 叶对生;种子无胚乳,位于胎座的钩状突起上 ……………………………………… 爵床科 Acanthaceae

      460. 叶互生或对生;种子有胚乳,位于中轴胎座上。

        461. 花冠裂片具深缺刻,成熟雄蕊 2 个 … 茄科 Solanaceae

·················（蝴蝶花属 Schizanthus）

461. 花冠裂片全缘或仅其先端具一凹陷；成熟雄蕊 2 或 4 个

················· 玄参科 Scrophulariaceae

448. 花冠整齐，或近于整齐。

462. 雄蕊数较花冠裂片少。

463. 子房 2～4 室，每室内仅含 1 或 2 个胚珠。

464. 雄蕊 2 个 ················· 木犀科 Oleaceae

464. 雄蕊 4 个。

465. 叶互生，有透明腺体微点存在 ····· 苦槛蓝科 Myoporaceae

465. 叶对生，无透明微点 ·········· 马鞭草科 Verbenaceae

463. 子房 1 或 2 室，每室内有数个至多数胚珠。

466. 雄蕊 2 个，每子房室内有 4～10 个胚珠悬挂于室的顶端 ·····

················· 木犀科 Oleaceae

················· （连翘属 Forsythia）

466. 雄蕊 4 个或 2 个，每子房室内有多数胚珠着生于中轴或侧膜胎

座上。

467. 子房 1 室，内具分歧的侧膜胎座，或因胎座深入而使子房成

2 室 ················· 苦苣苔科 Gesneriaceae

467. 子房为完全的 2 室，内具中轴胎座。

468. 花冠于蕾中常折叠；子房的 2 心皮位置偏斜 ·········

················· 茄科 Solanaceae

468. 花冠于蕾中不折叠；而呈覆瓦状排列；子房的 2 心皮位于

前后方 ················· 玄参科 Scrophulariaceae

462. 雄蕊和花冠裂片同数。

469. 子房 2 个，或为 1 个而成熟后呈双角状。

470. 雄蕊各自分离；花粉粒也彼此分离····· 夹竹桃科 Apocynaceae

470. 雄蕊互相连合；花粉粒连成花粉块····· 萝藦科 Asclepiadaceae

469. 子房 1 个，不呈双角状。

471. 子房 1 室或因 2 侧膜胎座的深入而成 2 室。

472. 子房为 1 心皮所成。

473. 花显著，呈漏斗形而簇生；果实为 1 瘦果，有棱或有翅 ·····

················· 紫茉莉科 Nyctaginaceae

················· （紫茉莉属 Mirabilis）

473. 花小型而形成球形的头状花序；果实为 1 荚果，成熟后则

裂为仅含 1 种子的节荚 ················· 豆科 Leguminosae

················· （含羞草属 Mimosa）

472. 子房为 2 个以上连合心皮所成。

    474. 乔木或攀缘性灌木,稀可为攀缘性草本,而体内具有乳汁(例如心翼果属 *Cardiopteris*);果实呈核果状(但心翼果属则为干燥的翅果),内有 1 种子 ·············· 茶茱萸科 Icacinaceae

    474. 草本或亚灌木,或于旋花科的麻辣仔藤属 *Erycibe* 中为攀缘灌木;果实呈蒴果状(丁公藤属中呈浆果状)内有 2 个或更多种子。

      475. 花冠裂片呈覆瓦状排列。

        476. 叶茎生,羽状分裂或为羽状复叶(限于我国植物如此)
············ 田基麻科 Hydrophyllaceae
············ (田基麻属 *Hydrolea*)

        476. 叶基生,单叶,边缘具齿裂 ··· 苦苣苔科 Gesneriaceae
·········· (苦苣苔属 *Conandron*,黔苣苔属 *Tengia*)

      475. 花冠裂片常呈旋转状或内折的镊合状排列。

        477. 攀缘性灌木,果实呈浆果状,内有少数种子 ··········
·················· 旋花科 Convolvulaceae
·················· (丁公藤属 *Erycibe*)

        477. 直立陆生或漂浮水面的草本;果实呈蒴果状,内有少数至多数种子 ·················· 龙胆科 Gentianaceae

471. 子房 2～10 室。

    478. 无绿叶而为缠绕性的寄生植物 ····· 旋花科 Convolvulaceae
(菟丝子亚科 Cuscutaceae)

    478. 不是上述的无叶寄生植物。

      479. 叶常对生,且多在两叶之间具有托叶所成的连接线或附属物 ·············· 马钱科 Loganiaceae

      479. 叶常互生,或有时基生,如为对生,其两叶之间也无托叶所成的连系物,有时其叶也可轮生。

        480. 雄蕊和花冠离生或近于离生。

          481. 灌木或亚灌木;花药顶端孔裂;花粉粒为四合体;子房常 5 室·············· 杜鹃花科 Ericaceae

          481. 一年或多年生草本,常为缠绕性;花药纵长裂开;花粉粒单纯;子房常 3～5 室 ····· 桔梗科 Campanulaceae

        480. 雄蕊着生于花冠的筒部。

          482. 雄蕊 4 个,稀可在冬青科为 5 个或更多。

            483. 无主茎的草本,具有少数至多数花朵所形成的穗状花序,生于一基生花葶上 ········ 车前科 Plantaginaceae

················ （车前属 *Plantago*）

483. 乔木、灌木,或具有主茎的草本。

484. 叶互生,多常绿 ········· 冬青科 Aquifoliaceae
················· （冬青属 *Ilex*）

484. 叶对生或轮生。

485. 子房 2 室,每室内有多数胚珠 ···············
··············· 玄参科 Scrophulariaceae

485. 子房 2 室至多室,每室内有 1 或 2 个胚珠 ···
··············· 马鞭草科 Verbenaceae

482. 雄蕊常 5 个,稀可更多。

486. 每子房室内仅有 1 或 2 个胚珠。

487. 子房 2 或 3 室;胚珠自子房室近顶端垂悬;木本
植物;叶全缘。

488. 每花瓣 2 裂或 2 分;花柱 1 个;子房无柄,2 或 3
室,每室内各 2 个胚珠;核果;有托叶 ·······
··············· 毒鼠子科 Dichapetalaceae
··············· （毒鼠子属 *Dichapetalum*）

488. 每花瓣均完整;花柱 2 个;子房具柄,2 室,每室
内仅有 1 个胚珠;翅果;无托叶 ·············
··············· 茶茱萸科 Icacinaceae

487. 子房 1～4 室,胚珠在子房室基底或中轴的基部,
直立或上举;无托叶;花柱 1 个,稀可 2 个,有时
在紫草科的破布木属 *Cordia* 中其先端可成两次
的 2 分。

489. 果实为核果;花冠有明显的裂片,并在蕾中呈
覆瓦状或旋转状排列;叶全缘或有锯齿;通常
均为直立木本或草本,多粗壮或具刺毛 ······
··············· 紫草科 Boraginaceae

489. 果实为蒴果;花瓣完整或具裂片,叶全缘或具
裂片,但无锯齿缘。

490. 通常为缠绕性,稀可为直立草本,或为半木
质的攀缘植物至大型木质藤本(例如盾苞
藤属 *Neuropeltis*);萼片多互相分离;花冠
常完整而几无裂片,于蕾中呈旋转状排列,
有时也可深裂而其裂片成内折的镊合状排
列(例如盾苞藤属) ···············

·················· 旋花科 Convolvulaceae

490. 通常均为直立;萼片连合成钟形或筒状;花冠
有明显的裂片,于蕾中呈旋转状排列 ·········
·················· 花葱科 Polemoniaceae

486. 每子房室内有多数胚珠,或在花葱科中有时为 1 个
至数个;多无托叶。

491. 高山区生长的耐寒旱性低矮多年生草本或丛生
亚灌木;叶多小型,常绿,紧密排列成覆瓦状或
莲花座式;花无花盘;花单生或为头状花序;花
冠裂片成覆瓦状排列;子房 3 室;花柱 1 个;柱头
3 裂;蒴果室背开裂 ·············
·················· 岩梅科 Diapensiaceae

491. 草本或木本,不具耐寒旱性;叶常为大型或中型,
脱落性,疏松排列而各自展开;花多有位于子房
下方的花盘。

492. 花冠不于蕾中折叠,其裂片呈旋转状排列,或
在田基麻科中为覆瓦状排列。

493. 叶为单叶,或在花葱属 Polemonium 为羽状
分裂或为羽状复叶;子房 3 室(稀可 2 室);
花柱 1 个;柱头 3 裂;蒴果多室背开裂 ······
·················· 花葱科 Polemoniaceae

493. 叶为单叶,且在田基麻属 Hydrolea 为全缘;
子房 2 室;花柱 2 个,柱头呈头状;蒴果室间
开裂 ·········· 田基麻科 Hydrophyllaceae
·················· (田基麻属 Hydrolea)

492. 花冠裂片呈镊合状或覆瓦状排列;或其花冠于
蕾中折叠,且呈旋转状排列;花萼常宿存;子房
2 室;或在茄科中为假 3 室至假 5 室;花柱 1
个,柱头完整或 2 裂。

494. 花冠多于蕾中折叠,其裂片呈覆瓦状排列;
或在曼陀罗属 Datura 呈旋转状排列,稀可
在枸杞属 Lycium 和颠茄属 Atropa 等属
中,并不于蕾中折叠,而呈覆瓦状排列,雄
蕊的花丝无毛;浆果,或为纵裂或横裂的蒴
果 ·················· 茄科 Solanaceae

494. 花冠不于蕾中折叠,其裂片呈覆瓦状排列;

雄蕊的花丝具毛茸（尤以后方的 2 个如此）。

495. 室间开裂的蒴果 …………………………………………… 玄参科 Scrophulariaceae ……………………（毛蕊花属 *Verbascum*）

495. 浆果，有刺灌木 ……… 茄科 Solanaceae ……………………（枸杞属 *Lycium*）

1. 子叶 1；茎无髓部，也无呈年轮状的生长；叶多具平行叶脉；花为三出数，有时为四出数，但极少为五出数 …………………………… 单子叶植物纲 Monocotyledoneae

496. 木本植物，或其叶于芽中呈折叠状。

497. 灌木或乔木；叶细长或呈剑状，在芽中不呈折叠状 ………… 露兜树科 Pandanaceae

497. 木本或草本；叶甚宽，常为羽状或扇形的分裂，在芽中呈折叠状而有强韧的平行脉或射状脉。

498. 植物体多甚高大，呈棕榈状，具简单或分枝少的主干；花为圆锥或穗状花序，托以佛焰状苞片 ……………………………………… 棕榈科 Palmae

498. 植物体常为无主茎的多年生草本，常具深裂为 2 片的叶片；花为紧密的穗状花序 ………………………………………… 巴拿马草科 Cyclanthaceae ………………………………………（巴拿马草属 *Carludovica*）

496. 草本植物或稀可为木质茎，但其叶于芽中从不呈折叠状。

499. 无花被或在眼子菜科中很小。

500. 花包藏于或附托于呈覆瓦状排列的壳状鳞片（特称为颖）中，由多花至 1 花形成小穗（自形态学观点而言，次小穗实即简单的穗状花序）。

501. 秆多少有些呈三棱形，实心；茎生叶呈三行排列；叶鞘封闭；花药以基底附着花丝；果实为瘦果或囊果 ………………………………… 莎草科 Cyperaceae

501. 秆常呈圆筒形；中空；茎生叶呈两行排列；叶鞘常在一侧纵裂开；花药以其中部附着花丝；果实通常为颖果 ……………………………… 禾本科 Gramineae

500. 花虽有时排列为具总苞的头状花序，但并不包藏于呈壳状的鳞片中。

502. 植物体微小，无真正的叶片，仅具无茎而漂浮水面或沉没水中的叶状体 ……… ……………………………………………… 浮萍科 Lemnaceae

502. 植物体常具茎，也具叶，其叶有时呈鳞片状。

503. 水生植物，具沉没水中或漂浮水面的叶片。

504. 花单性，不排列成穗状花序。

505. 叶互生；花呈球形的头状花序 ……………… 黑三棱科 Sparganiaceae ………………………………………（黑三棱属 *Sparganium*）

505. 叶多对生或轮生；花单生，或在叶腋间形成聚伞花序。

506. 多年生草本；雌蕊为 1 个或更多而互相分离的心皮所成；胚珠自子房

室顶端垂悬 ·················· 眼子菜科 Potamogetonaceae
·················· (角果藻属 Zannichellia)

506. 一年生草本;雌蕊 1 个,具 2~4 个柱头;胚珠直立于子房室的基底······
·················· 茨藻科 Najadaceae
·················· (茨藻属 *Najas*)

504. 花两性或单性,排列成简单或分歧的穗状花序。

507. 花排列于扁平穗轴的一侧。

508. 海水植物;穗状花序不分歧,为雌雄同株或异株的单性花;雄蕊 1 个,
具无花丝而为 1 室的花药;雌蕊 1 个,具 2 柱头;胚珠 1 个,垂悬与子房
室的顶端 ·················· 眼子菜科 Potamogetonaceae
·················· (大叶藻属 *Zostera*)

508. 淡水植物;穗状花序常分为二歧而具两性花;雄蕊 6 个或更多,具极细
长的花丝和 2 室的花药;雌蕊为 3~6 个离生心皮所成;胚珠在每室内
2 个或更多,基生 ·················· 水蕹科 Aponogetonaceae
·················· (水蕹属 *Aponogeton*)

507. 花排列于穗轴的周围,多为两性花;胚珠常仅 1 个 ··················
·················· 眼子菜科 Potamogetonaceae

503. 陆生或沼泽植物,常有位于空气中的叶片。

509. 叶有柄,全缘或有各种类型的分裂,具网状脉;花形成一肉穗花序,后者常
有一大型而常具色彩的佛焰苞片;花两性 ·················· 天南星科 Araceae

509. 叶无柄,细长形、剑形或退化为鳞片状,其叶片常具平行脉。

510. 花形成紧密的穗状花序,或在帚灯草科为疏松的圆锥花序。

511. 陆生或沼泽植物;花序为位于苞腋间的小穗所组成的疏散圆锥花序;
雌雄异株;叶多呈鞘状 ·················· 帚灯草科 Restionaceae
·················· (薄果草属 *Leptocarpus*)

511. 水生或沼泽植物;花序为紧密的穗状花序。

512. 穗状花序位于呈二棱形的基生花葶的一侧,而另一侧则延伸为叶状
的佛焰苞片;花两性 ·················· 天南星科 Araceae
·················· (石菖蒲属 *Acorus*)

512. 穗状花序位于一圆柱形花梗的顶端,形如蜡烛而无佛焰苞;雌雄
同株 ·················· 香蒲科 Typhaceae

510. 花序有各种形式。

513. 花单性,呈头状花序。

514. 头状花序单生于基生无叶的花葶顶端;叶狭窄,呈禾草状,有时叶为
膜质 ·················· 谷精草科 Eriocaulaceae
·················· (谷精草属 *Eriocaulon*)

514. 头状花序散生于具叶的主茎或枝条的上部,雄性者在下;叶细长,呈扁三棱形,直立或漂浮水面,基部呈鞘状 ……………………………… 黑三棱科 Sparganiaceae

……………………………………………………（黑三棱属 *Sparganium*）

513. 花常两性。

515. 花序呈穗状或头状,包藏于 2 个互生的叶状苞片中;无花被;叶小,细长形或呈丝状;雄蕊 1 或 2 个;子房上位,1～3 室,每子房室内仅有 1 个垂悬胚珠 …………………… 刺鳞草科 Centrolepidaceae

515. 花序不包藏于叶状的苞片中;有花被。

516. 子房 3～6 个,至少在成熟时互相分离 …… 水麦冬科 Juncaginaceae

……………………………………………………（水麦冬属 *Triglochin*）

516. 子房 1 个由 3 心皮连合所组成 ………… 灯心草科 Juncaceae

499. 有花被,常显著,且呈花瓣状。

517. 雄蕊 3 个至多数,互相分离。

518. 死物寄生性植物,具呈鳞片状而无绿色的叶片。

519. 花两性,具 2 层花被片;心皮 3 个,各有多数胚珠 ………… 百合科 Liliaceae

……………………………………………………（无叶莲属 *Petrosavia*）

519. 花单性或稀可杂性,具 1 层花被片;心皮数个,各仅有 1 个胚珠 …………

…………………………………………… 霉草科 Triuridaceae

……………………………………………………（喜阴草属 *Sciaphila*）

518. 不是死物寄生性植物,常为水生或沼泽植物,具有发育正常的绿叶。

520. 花被裂片彼此相同;叶细长,基部具鞘 …………… 水麦冬科 Juncaginaceae

……………………………………………………（芝菜属 *Scheuchzeria*）

520. 花被裂片分化为萼片和花瓣 2 轮。

521. 叶(限于我国植物)呈细长形,直立;花单生或呈伞形花序,蓇葖果 …………

………………………………………… 花蔺科 Butomaceae

……………………………………………………（花蔺属 *Butomus*）

521. 叶呈细长兼披针形至卵圆形,常为箭镞状长柄;花常轮生,呈总状或圆锥花序;瘦果 …………………………… 泽泻科 Alismataceae

517. 雌蕊 1 个,复合性或于百合科的岩菖蒲属 *Tofieldia* 中其心皮近于分离。

522. 子房上位,或花被和子房相分离。

523. 花两侧对称;雄蕊 1 个位于前方,即着生于远轴的 1 个花被片的基部 ………

……………………………………… 田葱科 Philydraceae

……………………………………………………（田葱属 *Philydrum*）

523. 花辐射对称;稀可两侧对称;雄蕊 3 个或更多。

524. 花被分化为花萼和花冠 2 轮,后者于百合科的重楼族中,有时由细长形或线形的花瓣所组成,稀可缺如。

525. 花形成紧密而具鳞片的头状花序;雄蕊 3 个;子房 1 室 ……………… …………………………………………………… 黄眼草科 Xyridaceae ……………………………………………………………（黄眼草属 *Xyris*）

525. 花不形成头状花序;雄蕊数在 3 个以上。

526. 叶互生,基部具鞘,平行脉;花为腋生或顶生的聚伞花序;雄蕊 6 个,或因退化而数较少 ………………… 鸭趾草科 Commelinaceae

526. 叶以 3 个或更多个生于茎的顶端而成 1 轮,网状脉,基部具 3～5 脉;花单独顶生;雄蕊 6 个、8 个或 10 个 ……………… 百合科 Liliaceae ……………………………………………………………（重楼族 Parideae）

524. 花被裂片彼此相同或近于相同,或于百合科的白丝草属 *Chionographis* 中则极不相同,又在同科的油点草属 *Tricyrtis* 中其外层 3 个花被裂片的基部呈囊状。

527. 花小型,花被裂片绿色或棕色。

528. 花位于穗形总状花序上;蒴果自一宿存的中轴上裂为 3～6 瓣,每果瓣内仅有 1 个种子 ………………… 水麦冬科 Juncaginaceae ……………………………………………………………（水麦冬属 *Triglochin*）

528. 花位于各种形式的花序上;蒴果室背开裂为 3 瓣,内有多数至 3 个种子 ……………………………………………… 灯心草科 Juncaceae

527. 花大型或中型,或有时为小型,花被裂片略有些具鲜明的色彩。

529. 叶（限于我国植物）的顶端变为卷须,并有闭合的叶鞘;胚珠在每室内仅为 1 个;花排列为顶生的圆锥花序 ……… 须叶藤科 Flagellariaceae ……………………………………………………………（须叶藤属 *Flagellaria*）

529. 叶的顶端不变为卷须;胚珠在每子房室内为多数,稀可仅为 1 个或 2 个。

530. 直立或漂浮的水生植物;雄蕊 6 个,彼此不相同,或有时有不育者 ……………………………………………… 雨久花科 Pontederiaceae

530. 陆生植物;雄蕊 6 个,4 个或 2 个,彼此相同。

531. 花为四出数,叶（限于我国植物）对生或轮生,具有显著的纵脉及密生的横脉 ………………… 百部科 Stemonaceae ……………………………………………………………（百部属 *Stemona*）

531. 花为三出数或四出数;叶常基生或互生 ……… 百合科 Liliaceae

522. 子房下位,或花被多少有些和子房相愈合。

532. 花两侧对称或为不对称形。

533. 花被片均呈花瓣状;雄蕊和花柱多少有些互相连合 …… 兰科 Orchidaceae

533. 花被片并不是均呈花瓣状;其外层者形如萼片;雄蕊和花柱相分离。

534. 后方的 1 个雄蕊常为不育性,其余 5 个则均发育而具花药。

    535. 叶和苞片排列为螺旋状;花常因退化而为单性;浆果;花管呈管状,其一侧不久即裂开 ·················· 芭蕉科 Musaceae

    ·················· (芭蕉属 *Musa*)

    535. 叶和苞片排列为 2 行;花两性;蒴果。

        536. 萼片互相分离或至多可与花冠相连合;居中的 1 花瓣并不成为唇瓣 ·················· 芭蕉科 Musaceae

        ·················· (鹤望兰属 *Strelitzia*)

        536. 萼片互相连合成管状;居中(位于远轴方向)的 1 花瓣为大形而成唇瓣 ·················· 芭蕉科 Musaceae

        ·················· (兰花蕉属 *Orchidantha*)

534. 后方的 1 个雄蕊发育而具花药,其余 5 个则退化,或变形为花瓣状。

    537. 花药 2 室;萼片互相连合为 1 萼筒,有时呈佛焰苞状 ·····················

    ·················· 姜科 Zingiberaceae

    537. 花药 1 室;萼片互相分离或至多彼此相衔接。

        538. 子房 3 室,每子房室内有多数胚珠位于中轴胎座上;各不育雄蕊呈花瓣状,互相与基部简短连合 ·················· 美人蕉科 Cannaceae

        ·················· (美人蕉属 *Canna*)

        538. 子房 3 室或因退化而成 1 室,每子房室内仅含 1 个基生胚珠;各不育雄蕊也呈花瓣状,略有些互相连合 ·········· 竹芋科 Marantaceae

532. 花常辐射对称,也即花整齐或近于整齐。

    539. 水生草本,植物体部分或全部沉没水中·········· 水鳖科 Hydrocharitaceae

    539. 陆生草本。

        540. 植物体为攀缘性;叶片宽广,具网状脉(还有数主脉)和叶柄 ·············

        ·················· 薯蓣科 Dioscoreaceae

    540. 植物体不为攀缘性;叶具平行脉。

        541. 雄蕊 3 个。

            542. 叶 2 行排列,两侧扁平而无背腹面之分,由下向上重叠跨覆;雄蕊和花被的外层裂片相对生 ·················· 鸢尾科 Iridaceae

            542. 叶不为 2 行排列,茎生叶呈鳞片状;雄蕊和花被的内层裂片相对生

            ·················· 水玉簪科 Burmanniaceae

        541. 雄蕊 6 个。

            543. 果实为浆果或蒴果,花被残留物略与之相合生,或果实为一聚花果;花被的内层裂片各于其基部有 2 舌状物;叶呈带形,边缘有刺齿或全缘 ·················· 凤梨科 Bromeliaceae

        543. 果实为蒴果或浆果,仅为 1 花所成;花被裂片无附属物。

544. 子房 1 室,内有多数胚珠位于侧膜胎座上;花序为伞形,具长丝状的总苞片 ………………………………………… 蒟蒻薯科 Taccaceae

544. 子房 3 室,内有多数至少数胚珠位于中轴胎座上。

545. 子房部分下位 …………………………… 百合科 Liliaceae
………………………（肺筋草属 *Aletris*,沿阶草属 *Ophiopogon*,
………………………………………… 球子草属 *Peliosanthes*）

545. 子房完全下位 …………………………… 石蒜科 Amaryllidaceae

附录二 药用植物学网上学习资源

中国植物图像库(Plant Photo Bank of China,PPBC)
http://ppbc. iplant. cn/

中国数字植物标本馆(Chinese Virtual Herbarium,简称 CVH
http://www. cvh. ac. cn/

中国科学院植物研究所植物标本馆(Herbarium,Institute of Botany,CAS)
http://pe. ibcas. ac. cn/

中国自然标本馆(Chinese Field Herbarium,简称 CFH)
http://www. cfh. ac. cn/

中国科学院植物研究所
http://www. ibcas. ac. cn/

中国数字植物园(Chinese Virtual Botanical Garden,CVBG)
http://cvbg. iplant. cn/

中国植物科学网
http://www. chinaplant. org/

中华人民共和国濒危物种科学委员会
http://www. cites. org. cn/

中国珍稀濒危植物信息系统
http://rep. iplant. cn/

野生药材资源保护管理条例
http://samr. cfda. gov. cn/WS01/CL0784/10769. html

中华人民共和国自然保护区条例
http://www. gov. cn/gongbao/content/2011/content_1860776. htm

彩 图

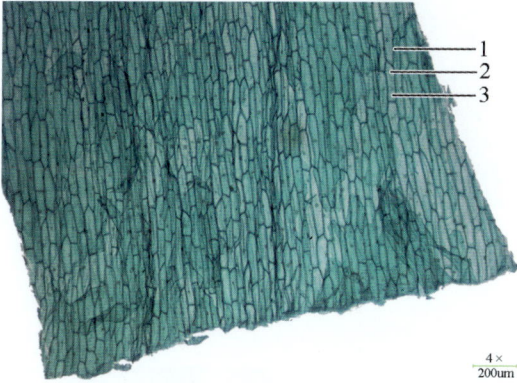

彩图1 洋葱鳞叶表皮装片(4×)
1. 细胞壁;2. 细胞核;3. 细胞质

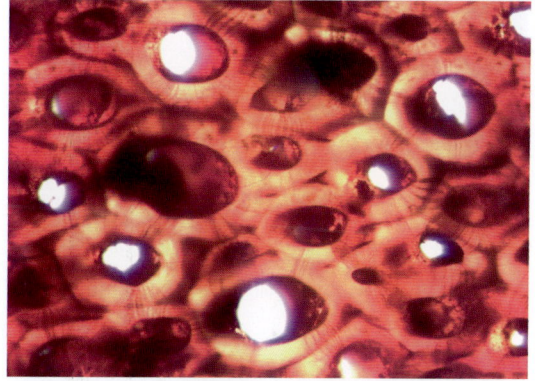

彩图2 柿核胚乳细胞(示胞间连丝)

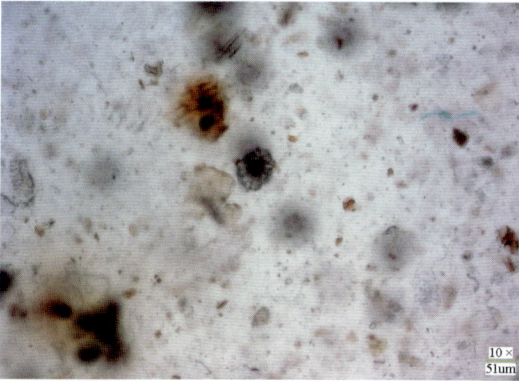

彩图3 大黄粉末(示簇晶)(10×)

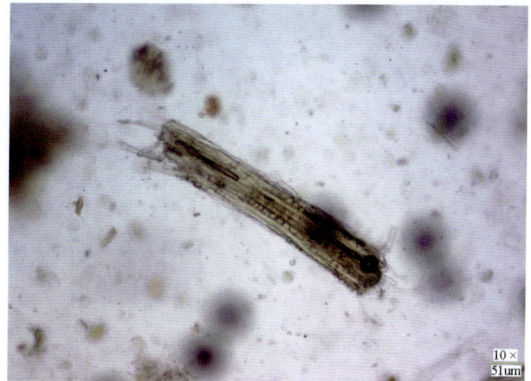

彩图4 甘草粉末(示方晶)(晶鞘纤维)(10×)

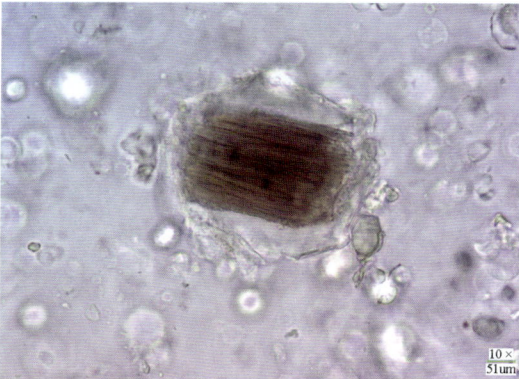

彩图5 半夏粉末(示针晶及针晶束)(10×)

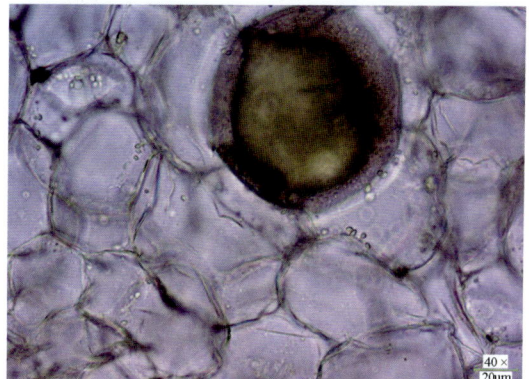

彩图6 鲜生姜徒手切片(示油细胞)(40×)

129

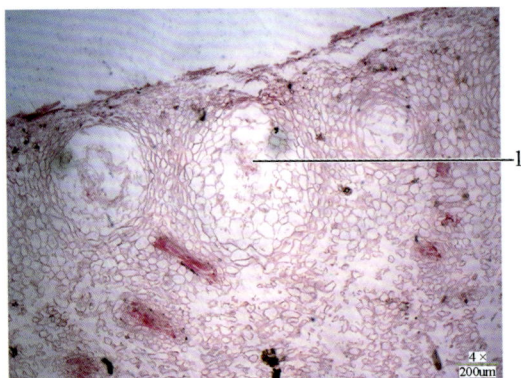

彩图 7　橘皮(示油室)(4×)
1. 油室

彩图 8　甘草根横切(4×)
1. 木栓组织

彩图 9　肉桂粉末纤维(10×)

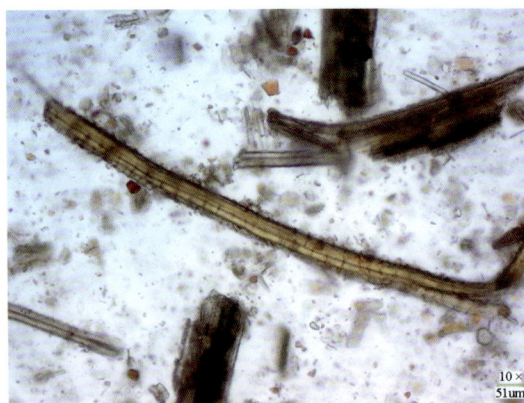

彩图 10　麻黄粉末纤维(10×)

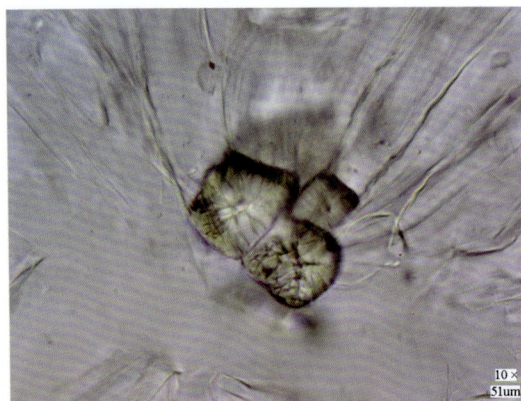

彩图 11　梨肉临时水装片(示石细胞)(10×)

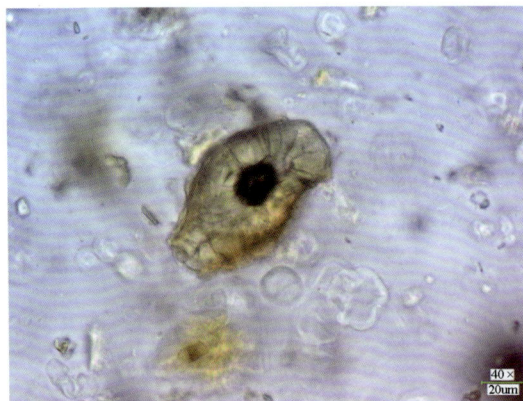

彩图 12　肉桂粉末石细胞(40×)

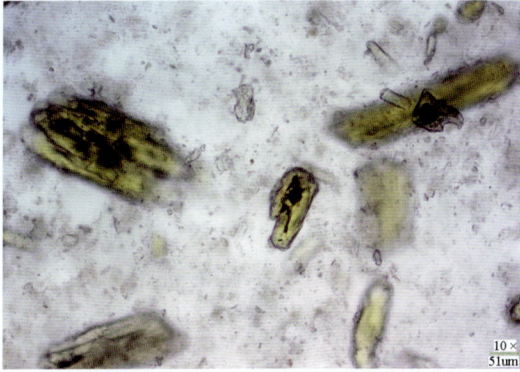

彩图 13　黄柏粉末石细胞(10×)

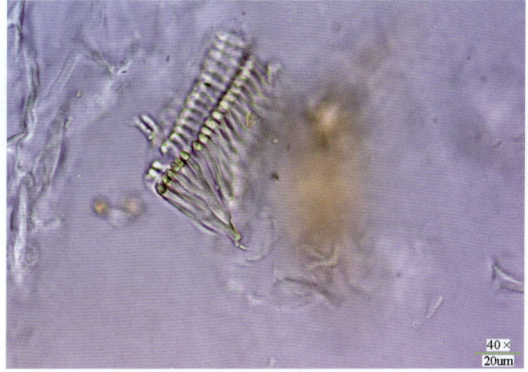

彩图 14　当归粉末(40×)

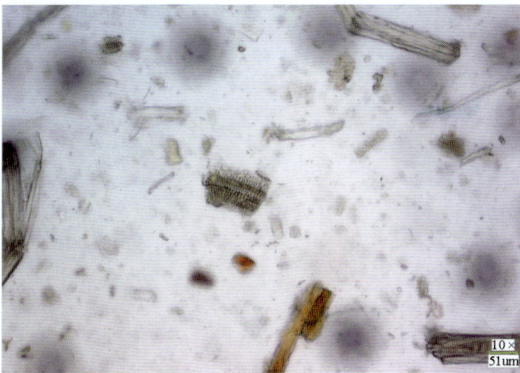

彩图 15　甘草粉末导管(10×)

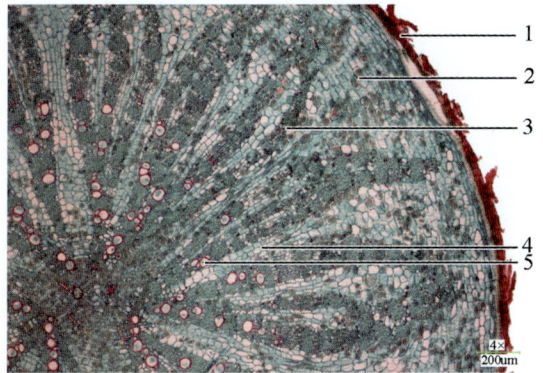

彩图 16　甘草根横切(4×)

1. 周皮；2. 皮层薄壁细胞；3. 次生韧皮部；4. 形成层；5. 次生木质部

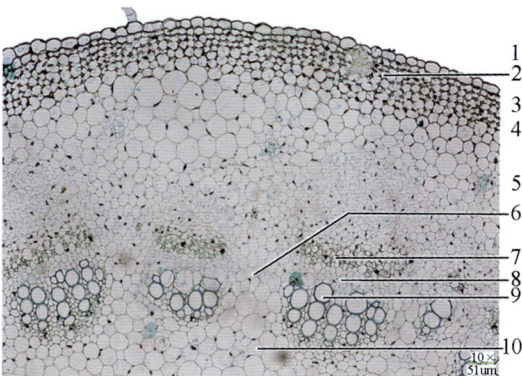

彩图 17　向日葵茎横切(10×)

1. 表皮；2. 厚角组织；3. 草酸钙簇晶；4. 皮层；5. 韧皮纤维；6. 髓射线；7. 初生韧皮部；8. 形成层；9. 初生木质部；10. 髓

彩图 18　椴树多年生茎横切(4×)

1. 周皮；2. 次生韧皮部；3. 形成层；4. 年轮；5. 次生射线；6. 次生木质部

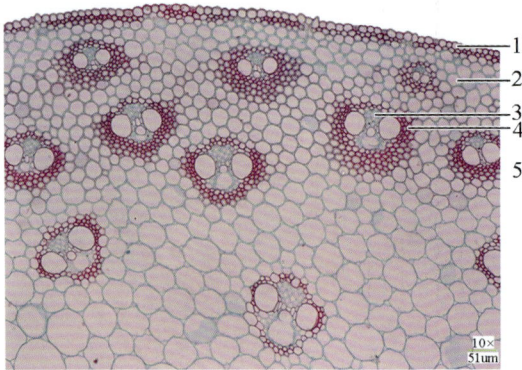

彩图 19　玉米茎横切（10×）

　　1. 表皮；2. 基本组织；3. 韧皮部；4. 维管束鞘；
5. 木质部

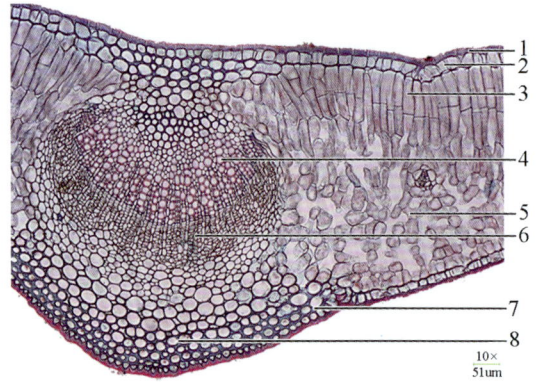

彩图 20　女贞叶横切（10×）

　　1. 角质层；2. 上表皮；3. 栅栏组织；4. 木质部；5.
海绵组织；6. 韧皮部；7. 下表皮；8. 厚角组织

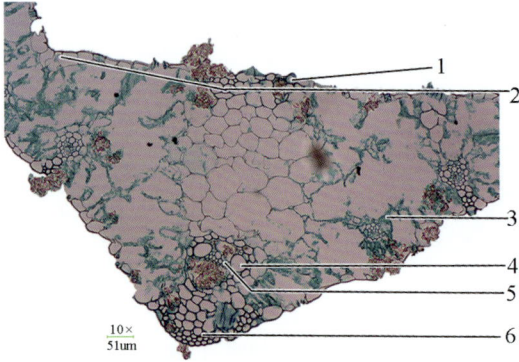

彩图 21　小麦叶横切（10×）

　　1. 表皮；2. 泡状细胞；3. 叶肉组织；4. 木质部；
5. 韧皮部；6. 厚壁组织

彩图 22　灵芝*Ganoderma lucidum*（Leyss ex Fr.）Karst.

彩图 23　茯苓*Poria cocos*（Schw.）Wolf

彩图 24　海金沙*Lygodium japonicum*（Thunb.）Sw.

彩图 25　卷柏*Selaginella tamariscina*（Beauv.）Spring

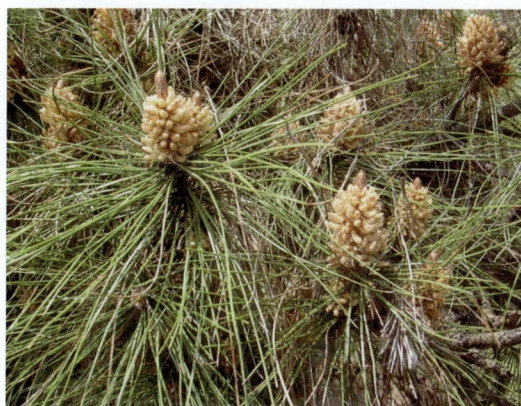

彩图 26　马尾松*Pinus massoniana* Lamb.

彩图 27　侧柏*Platycladus orientalis*（L.）Franco

彩图 28　金钱松*Pseudolarix amabilis*（Nelson）Rehd.

彩图 29　银杏*Ginkgo biloba* L.

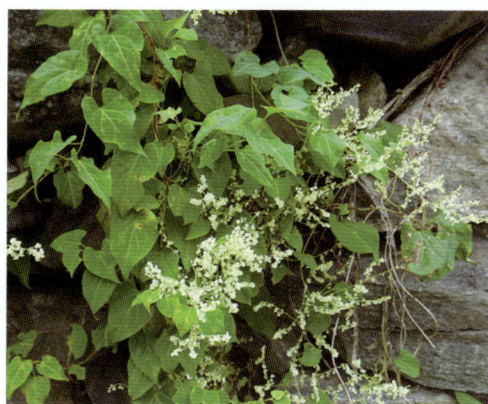

彩图 30　何首乌*Polygonum multiflorum* Thunb.

133

彩图 31 菘蓝 *Isatis indigotica* Fort.

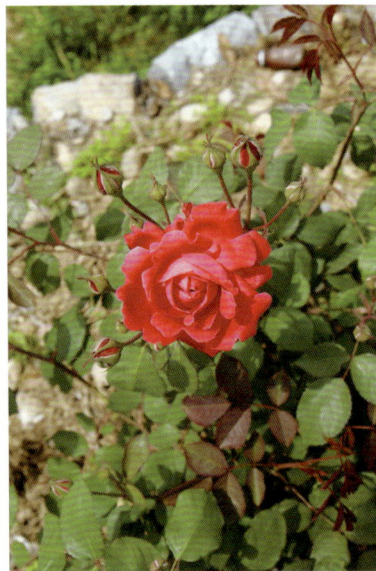
彩图 32 月季 *Rosa chinensis* Jacq.

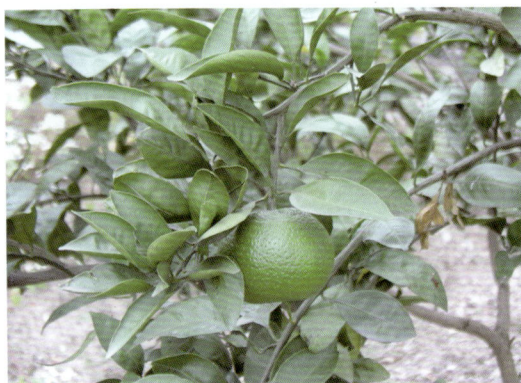
彩图 33 橘 *Citrus reticulata* Blanco

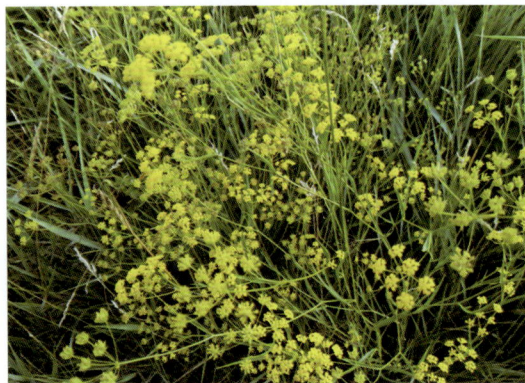
彩图 34 柴胡 *Bupleurum chinense* DC.

彩图 35 女贞 *Ligustrum lucidum* Ait.

彩图 36 白花曼陀罗 *Datura metel* L.

彩图 37　忍冬 *Lonicera japonica* Thunb.

彩图 38　百合 *Lilium brownii* F. E. Brown var. *viridulum* Baker

彩图 39　白及 *Bletilla striata*（Thunb.）Reichb. f.

彩图 40　天麻 *Gastrodia elata* Bl.